Walter Müller
Die Zeitfalle

Walter Müller war Geschäftsführer in einem führenden Handelskonzern Deutschlands und Vorstandsvorsitzender der Handelsvereinigung für den selbständigen Einzelhandel, außerdem Vorsitzender einer Volkspartei und Ratsmitglied in der seinerzeit noch selbstständigen Stadt Porz. Als Geschäftsführer des Vorstands „Schiff für Vietnam" leistete er über mehrere Jahre einen Beitrag zur Rettung der „boat people" im südchinesischen Meer. Nach Beendigung der aktiven Zeit als Handelsmanager ist er heute zusammen mit seinem Sohn als Gesellschafter und Geschäftsführer der Vermögensverwaltung Geneve Invest in Genf sowie Geneve Invest (Europe) in Luxemburg tätig. Walter Müller ist verheiratet, hat zwei erwachsene Kinder und wohnt in Köln.

Walter Müller

DIE ZEITFALLE

Das dramatisch kleine Zeitfenster der modernen Menschheit

Philosophische Betrachtungen zum schmalen Pfad
in die Zukunft der Menschheit

Bibliografische Information der Deutschen Nationalbibliothek:
Die Deutsche Nationalbibliothek verzeichnet diese Publikation in
der Deutschen Nationalbibliografie; detaillierte bibliografische
Daten sind im Internet über http://dnb.d-nb.de abrufbar

Herstellung und Verlag:
BoD – Books on Demand, Norderstedt

ISBN 978-3-743-17906-6

Danksagung

Ich danke meiner Frau Heidi, meiner Tochter Gabriele und meinem Sohn Helge für ihre tatkräftige Unterstützung zum Gelingen dieses Buches. Sie haben mich immer bestärkt und motiviert meine Ideen aufzuschreiben.

Ebenso danke ich Herrn Dr. Helmut W. Pesch – der Austausch der Ideen und Gedanken war wichtig für die Durchführung des Projekts „Zeitfalle".

Inhalt

Einleitung

Die Geological Society of London beziffert die Wahrscheinlichkeit einer Supervulkan-Katastrophe in diesem Jahrhundert mit 1:6.[1] Das mag die Größe der Bedrohungen erklären, denen sich dieses Buch widmet. Dabei sind Supervulkane nur eines von etwa zwei Dutzend der letzten Endes nur noch als kolossal zu bezeichnenden Probleme der Menschheit, in anderen Worten: der kolossalen Probleme jedes Einzelnen von uns, egal ob das der Einzelne so sehen mag oder nicht.

Es ist nämlich in der Tat egal, ob jemand die Sicht der Geological Society teilt oder nicht. Es ist auch unerheblich, ob man von Supervulkanen überhaupt weiß oder nicht. Es ist sogar völlig irrelevant, ob man eine der zahlreichen anderen Bedrohungen kennt oder anerkennt, seien es kosmische Gammastrahlenausbrüche oder sei es das globale Bevölkerungswachstum, das aktuell bei täglich etwa 220 000 – in Worten: zweihundertzwanzigtausend – neu zu begrüßenden Mitmenschen liegt. Neuen Zeitgenossen allesamt, die alle sehr gut erzogen, weltoffen, modern und tolerant sein sollten, gut ernährt und bestens versorgt.

Denn dies ist eine moderne Welt voller grandioser Errungenschaften, oder ist das vielleicht doch für die meisten der zweihundertzwanzigtausend nichts als ein frommer Wunsch

---

[1] http://www. Spiegel. de/wissenschaft/natur/supervulkane-forscher-enthuellen-rezept-fuer-mega-eruptionen-a-1103682.html (15.11.2016).

und die gröbste Ungleichheit gleich ein weiteres kolossales Problem?

Irrelevant ist auf jeden Fall die eigene innere Einstellung zu unseren realen Risiken deshalb, weil Blitze auch dann einschlagen, wenn man nicht an sie glaubt oder nichts von ihnen weiß: Naturereignisse richten sich nicht danach, an was wir nicht denken oder was wir glauben oder sonst wie nicht wissen.

Nicht wissen wird der eine oder andere, dass zum Beispiel Supervulkane überhaupt existieren. Das ändert aber nichts an ihrer Existenz und auch nichts an der Tatsache, dass der nächste Ausbruch nicht nur nach Einschätzung der Londoner Experten allein eine Frage der Zeit ist.

Und wer von Supervulkanen nicht weiß, der weiß dann erst recht nicht, was einen solchen Supervulkan ausmacht und wie verheerend die Folgen eines Ausbruchs für alles Leben auf der Erde sein werden und damit auch für ihn selbst und seine eigene Familie.

Alles zusammengenommen ändert das dann nichts an der Tatsache, dass vielleicht nicht unsere Spezies als Ganzes bedroht ist, sehr wohl aber fast alle Errungenschaften des modernen Lebens schneller und gründlicher verloren werden könnten, als es uns bewusst oder lieb sein dürfte.

Ist das Gesagte eine individuelle Annahme eines einzelnen Autors, der mit einem reißerischen Buch seine Konten etwas weiter anfüllen möchte? Mitnichten, denn es ist dies zugleich die Auffassung keiner geringeren Instanz als der NASA:

„Die moderne Gesellschaft wird untergehen. Davon geht

zumindest eine neue Studie der amerikanischen Raumfahrtagentur NASA aus. Das Ende sei demnach kaum noch abwendbar. Wann mit dem Untergang zu rechnen ist, das ist laut der erstmals in England veröffentlichten Studie allerdings noch unklar", berichtete die FAZ in ihrer Ausgabe vom 24.03.2014.[2]

Für die umfassende Studie der NASA hatte eine Forschergruppe der Universität Maryland fünf der größten Risikofaktoren der Menschheit betrachtet: das Bevölkerungswachstum, den Klimawandel, die Wasserversorgung, die Landwirtschaftsentwicklung und den Energieverbrauch.

Für ihre Analysen verwendeten die Forscher einen Klassiker im betrachteten Zusammenhang: das seit etwa hundert Jahren anerkannte „Räuber-Beute-Modell".

Die Menschen stellen in jeder modernen Gesellschaft die Räuber dar, deren Beute unter anderem die natürlichen Ressourcen des Planeten sind. Dabei führt gemäß der NASA-Studie allein die Ausbeutung der natürlichen Ressourcen im Zusammenspiel mit der ungleichen Verteilung des Wohlstands unausweichlich zum totalen Kollaps der Zivilisation.

Das muss man sich einmal klarmachen: Allein die Ressourcenausbeutung und die ungleiche Verteilung ihrer fragwürdigen „Früchte" führt, so die Aussage der NASA, bereits zum Untergang der Zivilisation, wie wir sie kennen und schätzen.

---

[2] http://www.faz.net/aktuell/gesellschaft/studie-die-moderne-gesellschaft-wird-untergehen-12861424.html (15.11.2016).

Es gibt zahlreiche solcher Studien, und ihnen allen ist gemein, dass sie eben nicht den Untergang der Spezies Mensch an sich vorhersehen, wohl aber den Untergang der Errungenschaften, die den modernen Menschen ausmachen. Diese Erkenntnis zu verstehen und zu teilen setzt jedoch eine differenzierte Betrachtung voraus.

Klug zu differenzieren ist ohnehin der Kern der Sache auch dieses Buches, und nicht einfach beliebige Untergangs-Szenarien um des Gruseleffektes oder der Verkaufsförderung willen an die Wand zu malen. Differenziert ist zu analysieren, was die bekannten Fakten sind, und daraus abzuleiten, was nach logischen und wissenschaftlich kausalen Erwägungen deren Folgen sein dürften.

Und ist dabei nicht absolut kurios, dass unsere Politiker weltweit sich ausgerechnet um die größten Probleme am allerwenigsten kümmern? Stattdessen machen sie lieber noch ein paar Probleme zusätzlich, die man ohne sie gar nicht hätte, was Spanien, Stand Sommer 2016, beweist: Dort erblüht zu der Zeit, in der *de facto* keine Regierung im Amt ist, das ganze Land mit lange nicht mehr dagewesenem Wachstum und Fortschritt. Dies aber nur am Rande …

Das vorliegende Buch handelt also von der Zukunft.

Genauer gesagt handelt es von einer Falle, die auf uns lauert, und die uns den Weg in unsere Zukunft versperrt. Das Fatale daran ist, dass wir es drehen und wenden mögen, wie wir wollen: Wir können dieser Falle nicht ausweichen, da unser eigener Zeitstrahl in die Zukunft uns unaufhaltsam genau darauf zuführt.

Mehr noch wird derselbe Zeitstrahl uns mit der Kraft des

absolut Unvermeidbaren mitten in die Falle hineinführen. Wir können nicht einmal zurückweichen, denn die Zeit selbst trägt uns unentrinnbar vorwärts, immer weiter auf die Falle zu und letztlich gnadenlos in sie hinein. Und all das mit unseren unterdessen bald 16 Milliarden Menschenfüßen.

Das Gesagte macht, nicht nur plakativ betrachtet, ein Noch-mal-Davonkommen mehr als unwahrscheinlich. Der Genickbruch der menschlichen Gesellschaft ist vorprogrammiert, und wir wollen uns ansehen, warum:

Bei der Falle handelt es sich nämlich um die erst in den vergangenen Jahrzehnten wissenschaftlich immer klarer werdende Eigenart unseres Heimatplaneten, unseres Sonnensystems und letztlich unserer eigenen Galaxis und damit auch des gesamten Universums, bei weitem nicht so stabil und friedlich zu sein, wie wir das vielleicht seit Jahrzehnten glaubten oder gerne gehabt hätten oder es aufgrund reiner Zufälle sehr lange kannten, wie wir es aber mit der absoluten Sicherheit physikalischer Kausalverkettungen nicht dauerhaft erleben werden.

Einige Beispiele der kolossalen Instabilitäten:

Auf der Erde schlummern etwa die zuvor bereits angedeuteten aktiven Supervulkane unter unseren Füßen. Allein die größten unter ihnen zählen rund ein Dutzend.

Wer sich dafür interessiert, der kann sich im Internet eine Karte der aktiven Supervulkane anzeigen lassen.

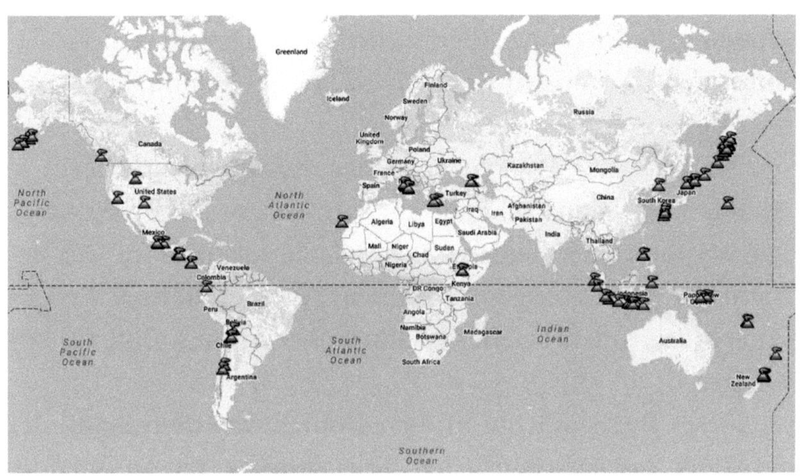

Abb. 1: Weltkarte der aktiven Supervulkane

Gehen wir vom Planeten selbst in den nahen Weltraum des Sonnensystems, so kreuzen abertausende Meteoriten unsere Bahn, von denen etliche planetares Zerstörungspotenzial haben, und auch hier ist der Eintritt der nächsten Katastrophe nicht eine Frage des Ob sondern allein eine Frage des Wann. Und in galaktischer Distanz erweisen sich Supernova-Explosionen und andere Ereignisse kolossaler Gewalt als potenzielle Planetenkiller.

Jüngste Studien fundieren hierzu eine hochgradig spannende und bedeutsame neue Erkenntnis: Dass sich nämlich Galaxien unter anderem aufgrund solcher Hochenergie-Ereignisse immer wieder selbst sterilisieren[3], und das überra-

---

[3] http://www.wissenschaft.de/erde-weltall/astronomie/-/journal_content/56/12054/6399262 (15.11.2016).

schend gründlich und überraschend häufig, und dass sie damit unter Umständen weit lebensfeindlicher sind, als es bisher angenommen wurde.

Die Liste der Risiken lässt sich erheblich erweitern. Je nachdem wie man zählt, kommt man auf etwa 15 bis 25 Arten von existenziellen Bedrohungen, die bereits jede für sich genommen die Errungenschaften unseres modernen Lebens und einen großen Teil der Weltbevölkerung in größte Gefahr bringen.

Dieses Buch möchte in dem Kontext ein dem Stand der aktuellen wissenschaftlichen Erkenntnisse entsprechendes möglichst realistisches Bild zeichnen, und es wird dazu einige der Risiken, denen wir unausweichlich gegenüberstehen, etwas genauer thematisieren. Darauf aufbauend wird erarbeitet, dass aufgrund der in jedem langen Zeithorizont risikoreichen Natur unseres Universums jede hochentwickelte Spezies nur dann eine Lebensspanne von mehreren Millionen oder gar Milliarden Jahren erreichen kann, wenn sie selbst auch zivilisatorisch ins All vorstößt, also zu einer kosmischen Zivilisation wird.

Noch sind wir jedoch eine rein planetare Gesellschaft und damit im planetaren Horizont beliebig verwundbar. Die Frage, ob wir der Falle der kolossalen Risiken im planetaren Kontext ausweichen können, stellt sich uns nicht, denn die Antwort ist bekannt und sie lautet nein.

Die einzige relevante Frage ist die, ob wir uns, wenn sie dann zuschnappt, zumindest so gut vorbereitet haben, dass wir als hochentwickelte Zivilisation ihr Zuschnappen überleben. Dass wir in anderen Worten den Genickschlag aushalten, weil wir uns Schutzvorrichtungen bauten.

Die Frage ist etwa, ob wir eine jahrelange extreme Kälte und Dunkelheit im Nachgang eines explodierten Supervulkans überstehen, weil wir uns rechtzeitig die richtige Art der Energie- und Lebensmittelversorgung sicherten. Die Frage ist, ob wir den Zusammenbruch der bisherigen Nahrungsketten verkraften, weil wir mit Maßnahmen in ungeahnter Größenordnung eine Grundlage schufen, in einer monate- bis jahrelangen Dunkelheit tadellos und langanhaltend existieren zu können.

Alles ist machbar, und am Ende wartet eine so helle Zukunft auf uns und unsere Kinder, dass wir vermutlich keine Vorstellung davon haben, wie lohnend diese Zukunft sein wird. Sofern die Menschheit sie erreicht, das heißt sofern wir die dringend erforderlichen Vorbereitungen nicht nur meistern, sondern sie als das erkennen, was sie tatsächlich sind, nämlich technologische wie ökonomische Chancen einer bisher nie dagewesenen Dimension.

Nun muss man aufpassen, dass das nicht klingt wie der Witz des ratlosen Psychiaters, dem sein neuer Patient soeben erklärt: „Mein Minderwertigkeitskomplex ist der größte und schönste auf der ganzen Welt." Es hat in der Tat, in dieser Wucht der gegensätzlichen Extreme des fast totalen Untergangs auf der einen und der grandiosen Zukunft auf der anderen Seite, die sich in unserer Gegenwart treffen, etwas von dem Schizophrenen des besagten Patienten: Wir sind es, die am Scheideweg stehen.

Das Szenario der beiden vorausliegenden Wege ist so kontrastreich, dass es kontrastreicher nicht sein kann: Auf der dunklen Seite der Abgrund von Millionen bis Milliarden Todesopfern einer multitraumatisch verletzten menschlichen Spezies und ein Rückfall in die graue Vorzeit, aus Gründen, die wir noch genauer erörtern, und auf der hellen Seite der Schutz von Milliarden Leben und die Sicherung der unsagbar wertvollen Hochtechnologie-Plattform die wir bis heute erreicht haben, und darauf aufbauend nach dem Abklingen der schwersten Symptome einer Superkatastrophe die umso energischere Weiterentwicklung in ungeahnte Höhen der Zivilisation.

Da bei alldem, wie geschildert, die Zeit in mehrfacher Hinsicht das entscheidende Momentum ist, trägt das Buchprojekt den Titel „Die Zeitfalle".

Das Thema ist hochkomplex, und so wollen wir uns ihm mit Sorgfalt nähern, damit möglichst viele verstehen, wie kritisch unsere Lage tatsächlich ist, und damit darauf aufbauend auch möglichst viele erkennen mögen, dass wir, wenn wir nicht untergehen wollen, sehr zielgerichtet aktiv werden müssen. Und zwar heute, und nicht erst morgen.

> **Anmerkung: Wenn wir im Buch entweder auf Zusammenhänge stoßen, die besonders wichtig sein könnten, oder am Ende eines Kapitels dessen Inhalte nochmals kurz zusammengefasst werden sollen, wird der zugehörige Text in Fettschrift und einem eigenen kleinen Rahmen wiedergegeben.**

Teil I
Die Rote Zone

1. Sind wir schon in Alarmstufe Rot?

Viele Menschen gehen erfahrungsgemäß davon aus, dass die Menschheit als Ganzes nicht in Gefahr ist. Sie sehen das auf jeden Fall so, sofern sie überhaupt darüber nachdenken.

Wenn jemand irgendwo ein Risiko erkennt, dass die Dinge sich nicht so entwickeln wie gewünscht, dann ist das viel eher im privaten Bereich der Fall: Ob man es vor dem Urlaub noch schafft, die Dachrinne zu reinigen, oder ob die Tochter oder der Sohn wohl die Abschlussarbeit fertigbekommt, das sind dann Einzelfragen, die man sich in der Art hin und wieder stellen mag.

In einem etwas größeren Kontext wird sich mancher um die Zustände in seinem Land sorgen. Darüber hinaus jedoch glaubt die Menschheit gemeinhin, so hat man zumindest vielfach den Eindruck, dass im Gesamtbild für unsere Spezies eher keine Gefahr im Verzug sei.

Man sieht vor allem die zur Verfügung stehende Zeit als hinreichend groß und die vorhandenen Risiken als hinlänglich klein, um alles zu erreichen, was man noch vor sich hat: etwa die Weiterentwicklung der Ökonomie und der Wissenschaften und den weiteren Ausbau von Organisationen und Strukturen oder die medizinisch-technologische Verlängerung des Lebens, womöglich sogar die Entwicklung künstlicher Intelligenz (es drängt einen zu witzeln: Wenn schon die natürliche Intelligenz ein so knappes Gut ist ...) und insgesamt einen anhaltenden Fortschritt – kurz gesagt, eine glorreiche Zukunft unserer Art. So viel Zeit scheint es dafür zu geben, dass man sich nicht einmal besonders beeilen muss.

Für diese sehr beruhigte und entspannte Haltung werden u.a. Argumente wie die Folgenden angeführt – oder sagen wir besser: Annahmen wie die Folgenden, denn Argumente sind es bei genauem Hinsehen nicht unbedingt, geschweige denn besonders gute:

- *„Es gibt immer einen nächsten Tag."* Die Sonne steht der Erde noch mehrere Milliarden Jahre zur Verfügung, woher also sollte bitte ein Grund zur Eile stammen?
- *„Das Risiko einer wirklich großen Katastrophe geht gegen null."* Dahinter verbirgt sich die Annahme, die Menschheit würde Katastrophen wie zum Beispiel Meteoriten- oder Asteroiden-Einschläge, Supervulkan-Ausbrüche oder erneut wiederkehrende Eiszeiten nicht einmal durch ihre Intelligenz und Kreativität überleben, sondern schlicht dadurch, dass diese Dinge in überschaubaren und relevanten Zeiträumen mit an Sicherheit grenzender Wahrscheinlichkeit überhaupt nicht eintreten.
- Und dann kommt da noch das Totschlagargument: *„Es ist bisher ja auch immer noch alles gutgegangen."* Dieses Sich-in-Sicherheit-Wiegen klingt plausibel, ist aber exakt so unlogisch und so absolut verquer wie die Aussage: *„Mich wird der Tod nicht ereilen, denn bisher bin ich ja auch noch nie gestorben. "*

So oder so: Man beruhigt sich lieber selbst, sei es nun in Form mantraartiger Formulierungen, die man ganz einfach so lange wiederholt, bis sie irgendwo in unseren verzwirbelten Gehörgängen und in unseren nicht minder verwinkelten Gehirnwindungen den Anschein ihrer Abwegigkeit verloren haben und zur scheinbaren, indes trügerischen Wahrheit mutieren, oder sei es auch in den Schattenspielen reiner Illusionen, denen ebenfalls von Anfang an die Fakten fehlten. Man tut das alles auf jeden Fall weitaus lieber, als sich mit den oftmals unbequemen wirklichen Fakten auseinanderzusetzen.

Es geht dabei gar nicht um die Frage, woher die drohenden Gefahren kommen, ob also etwa der Klimawandel tatsächlich stattfindet, weil er menschengemacht ist, oder ob er andere, natürliche Ursachen hat. Es geht nicht einmal darum, ob eine solche Krise mit absoluter Sicherheit eintreten wird oder nicht. Die einzige Frage ist, ob es ein Risiko gibt, dass sie eintreten könnte, und ob es besser wäre, wir würden alles tun, um einerseits dieses Risiko zu senken und um sich andererseits irgendwie auf diese Krise vorzubereiten, falls das Risiko gegen hundert Prozent tendiert und damit zur nackten Tatsache wird.

Die reinen Fakten und die kausalen Verkettungen dieser Welt sind es in jedem Fall, die sich durch unsere argumentativen Schattenspiele noch am allerwenigsten beeindrucken lassen. Das gilt für die bereits bekannten Fakten ebenso wie für die, die sich unserem Wissen entziehen. Und so stehen die Fakten der existenten Bedrohungen auch weiterhin unseren selbstgefälligen Annahmen diametral gegenüber und widersprechen unserer entspannten und sich in Sicherheit wiegenden Haltung grundsätzlicher, als wir es weithin annehmen. So lassen wir wertvolle Zeit ungenutzt verstreichen und tragen dadurch selbst dazu bei, dass die Bedrohungen faktisch eher noch zunehmen als abnehmen.

Es gibt daneben noch eine andere und ebenfalls kaum hilfreiche Form der psychologischen Verdrängung. Diese Variation besteht in einem nur scheinbar diskussionsbereiten Aufgreifen unbequemer Wahrheiten, dem dann aber sofort die mit der Inbrunst der Überzeugung vorgetragene Einstellung in der Art folgt: „Ich bin aber daran nicht schuld und die Menschheit auch nicht, und wir können sowieso nichts daran ändern. Wieso sollten wir auch, wenn wir nicht die Ursache sind. Es sind alles die natürlichen Schwankungen. Es hat schon immer Katastrophen gegeben, das ist nun mal so."

Diese Einstellung trifft man besonders häufig in Foren, in denen es um die Klimaveränderungen geht. Da heißt es dann sinngemäß wie folgt: „Alles Quatsch, die Sonnenkraft pendelte schon immer durch verschiedene Intensitäten, und das Wetter macht auch schon seit jeher, was es will", oder: „Die zigtausend Klima-wissenschaftler (von denen weltweit über 95 Prozent auf der Basis von tausenden Einzelstudien zur eindeutigen Schlussfolgerung kommen, dass der erhöhte CO_2-Gehalt in der Atmosphäre eindeutig durch die mit dem Industriezeitalter der Menschen einhergehende Verbrennung von Kohle, Gas und Öl zur massiven Erwärmung der Erde beiträgt), die haben alle überhaupt keine Ahnung. Ich weiß das besser (denn ich habe nicht Klimawissenschaften studiert und habe auch sonst überhaupt keinerlei wissenschaftliche oder mathematische Kenntnisse, worauf ich besonders stolz bin, und ich bin daher weit besser im Bilde), und deshalb ist mir klar, dass wir Menschen am Klimawandel keine Schuld haben. Es sind die natürlichen Schwankungen."

Das legendäre Bild vom „Mount Stupid" (dem „Berg der Dummen") verdeutlicht hier sehr schön den Zusammenhang zwischen der Bereitschaft von Menschen, sich zu einem Thema zu äußern und der Fundiertheit des Wissens, das sie tatsächlich haben. Dabei ist die Bereitschaft der Nicht- oder Wenigwissenden, sich zu allen möglichen Themen zu äußern, von denen sie eben gar keine Ahnung haben, beklagenswert hoch.

Abb. 2: Mount Stupid

Die Darstellung, die auf einen Comic von Zach Weinersmith aus dem Jahre 2008 zurückgeht, stammt aus einem Artikel mit dem bezeichnenden Titel „Diese Grafik erklärt endlich, warum es so viele Dummschwätzer gibt".[4]

Der Mount Stupid ist eine Darstellung der in der Psychologie als „Dunning-Kruger-Effekt" bezeichneten Konstellation: Absolute Laien sind in ihrer fundamentalen Inkompetenz die besseren Wissenschaftler und „widerlegen" auch noch die Erkenntnisse der Evolutionslehre. Und bei großen Fußballturnieren sind natürlich alle Fußballfans bessere Bundestrainer als Jogi Löw.

Dunning und Kruger wiesen die Effekte in Studien selbst bei harmlosen Dingen nach, etwa beim Autofahren, beim Kartenspielen oder beim Erfassen von Texten. Das krankhafte „Ich weiß alles besser" zieht sich unterdessen bis zu den Mittelschulen durch: Lehrer etwa müssen längst zusätzliche Zeit einplanen, um ihren Schülern zu erklären, warum diese den Text nicht bereits bewerten können, bevor sie ihn gelesen, geschweige denn verstanden haben. Sie haben es aber bereits gegoogelt … autsch!

Und ist es in dem Kontext nicht auch von einer gewissen Ironie, dass in so vielen Religionen ausgerechnet Berge eine besondere Rolle spielen? Berge, auf denen alle möglichen „Berufenen" sich wiederfanden, und von denen sie seither lauthals rufen? Dunning-Kruger lässt schön grüßen. Mal

---

[4] https://www.finanzen100.de/finanznachrichten/wirtschaft/mount-stupid-diese-grafik-erklaert-endlich-warum-es-so-viele-dummschwaetzer-gibt_H1032730081_303560/ (15.11.2016).

ganz ehrlich: Einstein brauchte doch keinen Berg, um zu Wahrheit und Geltung zu gelangen.

„Mose stand auf dem Berg Sinai und sprach: E = cm².“ Und die Physik nimmt ihm das unreflektiert ab, für alle Zeiten, nur weil Mose auf einem Berg stand? Oder weil sich tausende Autoren fanden, die das abdruckten und immer weiter ausschmückten? „Der Prophet stand auf dem Mt. Everest und sprach: E = dm³. Und das ist das Gesetz für alle gläubigen Physiker.“ Und wenn dann einer kommt und beweist, dass E = mc² ist, kriegt er dafür als Ungläubiger den Kopf abgeschlagen? Sind wir Menschen denn komplett bescheuert?

Der „Mount Stupid“ ist scheinbar so alt wie die Unfähigkeit so vieler vom Berg und auf den Berg Berufener, ihr eigenes Gehirn zu etwas Anderem zu nutzen als dazu, ihre faktische Inkompetenz durch rhetorisch geschliffenes Geschwätz zu kaschieren, als ihr Unwissen durch Psalmen und Verse zu ersetzen und ihre mangelnde eigene Bedeutung, Größe und Menschlichkeit durch ein rezitierendes Bezugnehmen auf den Gesang von den Anhöhen des … Sie wissen schon.

Wenn wir das alles doch endlich einmal überwunden hätten! Haben wir aber längst nicht, und so ist der aktuelle Zeitgeist also alles andere als ideal für ein Vorhaben wie das, dem sich dieses Buch widmet.

Und dennoch gibt es Menschen, die umsichtiger sind als unsere Mount-Stupid-Kandidaten, und den Umsichtigen sind die großen Gefahren der Zukunft bewusst. Aber auch bei diesen Menschen überwiegt immer noch zumindest eine gewisse Passivität; denn die Anzahl derer, die wirklich ihr Leben dafür einsetzen, einen Unterschied herbeizuführen, und beginnen, in Anbetracht der großen Bedrohungen der Zukunft konkrete Vorkehrungen für sich und für andere zu treffen, ist erschreckend klein.

Von besonderer Klugheit oder auch nur von besonderer Anpassungsfähigkeit der Menschheit zeugt das alles eher nicht. Und so soll in diesem Buch auch der Frage nachgegangen werden, ob wir uns nicht einfach zu passiv zurücklehnen. Ob nicht nur die tatsächlichen Risiken existenzbedrohender Szenarien de facto weitaus größer sind, als die meisten glauben, sondern auch, ob nicht die Zeiträume, die uns noch zur Verfügung stehen, dramatisch kleiner sind, als wir es gemeinhin annehmen.

Um einen kleinen Beitrag zur Verbesserung der Lage zu leisten, stellen wir in diesem Buch sieben Kernfragen. Diese Kernfragen lauten:

Erstens: Wie wichtig ist eine erneut auch philosophisch bzw. wissenschaftsphilosophisch geprägte Epoche, um die Zukunft zu erreichen und der Spezies Mensch einen Fortbestand zu ermöglichen? Eine Epoche, die uns, plakativ gesprochen, vom Mount Stupid holt. Diese Frage nach einer neuen Lebensphilosophie wird uns an unterschiedlichen Stellen in allen Kapiteln beschäftigen.

Zweitens: Wie können wir den „IWAN-Zyklus", das Phänomen der reflexhaften Verweigerung von Innovationen, durchbrechen? Die Reaktion auf Veränderungen vollzieht sich nämlich bei Menschen immer wie folgt:

- I für „Ignorieren", solange eine sich anbahnende Veränderung noch weit weg ist.

- W für „Widersprechen" und Ableugnen, wenn es dann unaufhaltsam näher kommt.
- A für „Auseinandersetzen" mit dem Unvermeidlichen erst, wenn es bereits „mitten im eigenen Garten steht" und
- N für die „Neue Welt", als letztliches Akzeptieren erst dann, wenn die Veränderung nicht mehr rückgängig zu machen und mitten im eigenen Leben angekommen ist.

Diese Neue Welt wird dann im nächsten „IWAN-Zyklus" wiederum zur Ausgangsbasis, die man dann erneut zu halten und zu verteidigen versucht, sobald die nächsten großen Veränderungen ins Haus stehen.

Chancen und Herausforderungen einer neuen Zeit können wir jedoch nur dann schneller erkennen und uns besser auf sie einstellen, wenn wir uns als Opfer unserer eigenen kontraproduktiven „IWAN"-Verhaltensweise verstehen lernen. Die Verhaltensweise ist deshalb schädlich, weil sie eben nicht proaktiv und konstruktiv gestaltet, sondern Veränderungen ablehnend und verharrend-passiv auf sich zukommen lässt. Damit ist jedoch Risikoszenarien Tür und Tor geöffnet, deren Ankunft man nicht überleben wird.

Wir werden erkennen, dass wir, um Selbstblockaden wie den Dunning-Kruger-Effekt und „IWAN" zu überwinden, vor allem unser eigenes Gehirn etwas besser verstehen müssen, und zwar insbesondere seine tief verborgenen ältesten Bestandteile, die von einigen Experten als „Reptilien-" oder

„Krokodilgehirn" bezeichnet wurden, weil sie in der Evolution den Stand der Reptilien verkörpern. Alternativ kann man auch vom „Dinosauriergehirn" sprechen, zumal dieses Wort sehr schön assoziiert, dass man damit untergehen wird.

Der Begriff „Krokodilgehirn" trifft es aber auch, weil er instinkthafte Reflexorientierung symbolisiert, die ähnlich wenig für komplexe Diskussionen taugt wie die von Alligatoren.

Unser eigenes Reptilien- oder Dinosauriergehirn sehen wir uns also in Kapitel 2 an, nebst einigen weiteren Betrachtungen, die mit zugehörigen kognitiven Funktionen unseres Gehirns zu tun haben.

Es wird danach ein Unterkapitel eingeschoben, das systemtechnischer Natur ist, und das sich mit einigen fundamentalen Zusammenhängen beschäftigt, die, fernab jeder ideologischen oder politischen Betrachtung, grundsätzlich für jedes komplexe System gelten.

Drittens: Wenn wir uns heute nur für überschaubare Zeiten interessieren, was ist dann solch eine „überschaubare" Zeit? Die Gefahr ist nämlich, dass wir bei weitem zu kurzfristig orientiert sind. So kurzfristig, dass wir nicht einmal erkennen, dass wir alle auch heute noch in der Steinzeit leben würden, wenn unsere Vorfahren auch so kurzsichtig gehandelt hätten, wie wir es heute weithin tun. Kapitel 3, „Risikoszenarien und Zeiträume", wird dazu den Beweis anzutreten versuchen und der Frage nachgehen, in welchen Zeiträumen wir denken und handeln müssten, damit wir nicht im rein dinosaurierhaften hängenbleiben. Und Kapitel 3 ordnet den Zeiträumen die Risiken zu, die entlang des Zeitstrahls auf uns lauern.

Viertens: Wenn wir den Titel dieses Buches betrachten, was ist dann eine „Zeitfalle"? Was würde sie alles zerschlagen, wenn wir nicht aufpassen? Wir gehen dazu in Kapitel 4 eine mögliche Supervulkan-Katastrophe genauer durch und gehen dabei in der Tat und fast selbstverständlich davon aus, dass einige sie überleben würden.

Die eigentliche Frage ist jedoch, welches Zeitalter der Menschheitsentwicklung die Sonne erblicken wird, sobald die Kontinente unseres Planeten sie nach Jahren, Jahrzehnten oder gar Jahrhunderten eines vulkanischen Winters ganz langsam wieder zu Gesicht bekommen und ihre Strahlen sie allmählich wieder aufzuwärmen beginnt? Und das könnte erneut eine sehr deutlich vorindustrielle Zeit sein, die keine einzige Errungenschaft unserer modernen Welt für sich erhalten konnte und somit um Jahrhunderte, wenn nicht um Jahrtausende zurückgeworfen wurde.

Es wäre dies übrigens, wie wir sehen werden, nicht das erste Mal, dass der Menschheit etwas in dieser Art passiert. Der Untergang von Thera (Santorin) und anderer früher Hochkulturen im Mittelmeerraum ist da nur eines von vermutlich sehr vielen Beispielen.

Fünftens: Welche ersten langfristigen Lösungsansätze sind auf der Erde nicht nur denkbar, sondern zwingend notwendig? Was muss getan werden, damit eine Plattform geschaffen wird, um erstens eine große Katastrophe auf dem Niveau einer modernen Zivilisation zu überstehen und um zweitens darauf aufbauend weitere Schritte in die kosmische Zukunft unserer Spezies zu unternehmen? Diese Fragen werden in Kapitel 5 angerissen.

Sechstens: Was muss darüber hinaus konkret und in unterschiedlichen Teilgebieten getan werden, um nach einer Krise nicht zurückzufallen, sondern in die nächste deutliche Höherentwicklung einzusteigen?

Diesen Fragen widmet sich Kapitel 6, das wir „Die goldene Epoche" nennen, und es geht in diesem Fall wirklich um alles oder nichts: das Erreichen einer langfristig stabilen Hochzivilisation oder das blanke und letztlich nur kurzfristige Überleben einer Restgruppe auf vorindustriellem Niveau, bevor diese dann vollkommen zugrunde geht. Warum das genau so sein könnte? Weil es zwei Szenarien gibt:

Im ersten Szenario überlebt eine in die graue Vorzeit zurückgebombte Kleingruppe zunächst eine erste große Katastrophe, geht dann aber in einem nächsten katastrophalen Krisengeschehen mangels schützender Technologien unter.

In einem zweiten Szenario trifft eine auf hohem Niveau sich durch die eine erste Krise erfolgreich absichernde Menschheit danach auf eine zweite Katastrophe und überlebt eben auch diese und alle folgenden, weil sie sich bis dahin, und das schnell genug, gegen solche Katastrophen immun gemacht hat.

Siebtens: Was ist sonst noch zu bedenken? Lohnt ein Blick über den Tellerrand? Sind noch weiterführende Gedanken und Schlussfolgerungen angebracht im Sinne von Saint-Exupérys „Sehnsucht nach der Ferne"? Das ist das Thema von Kapitel 7.

Am Ende mag sich bei alldem zeigen, dass, wenn wir nur hinreichend umsichtig sind, eine Zukunft von einer Helligkeit und Prosperität auf uns wartet, wie wir uns das heute nicht einmal in unseren kühnsten Träumen ausmalen könnten. Der Autor dieses Buches geht zumindest davon aus und mahnt deshalb so eindringlich, weil eine solche gut begründbar überaus positive Zukunft auf dem Spiel steht, wenn wir nicht vorsichtig sind.

Es mag sich aber im Umkehrschluss ebenso erweisen, dass wir, wenn wir in den relevanten Zeithorizonten weiterhin so unvorsichtig und so gedankenlos bleiben wie bisher, am Ende nicht einmal mehr das Überleben einiger weniger absichern können. Es sind schon sehr viele Spezies ausgestorben. Darunter bereits auch alle anderen Arten der Spezies Mensch, und das waren nicht einmal wenige:[5]

- *Homo antecessor* †
- *Homo erectus* †
- *Homo ergaster* †
- *Homo floresiensis* †
- *Homo heidelbergensis* †
- *Homo habilis* †
- *Homo naledi* †
- *Homo neanderthalensis* †
- *Homo rhodesiensis* †
- *Homo rudolfensis* †
- *Homo sapiens*

Die Auflistung hat etwas Eindringliches, und sie sollte uns zu denken geben.

---

[5] https://de.wikipedia.org/wiki/Liste_der_Homo-Epitheta (15. 11.2016).

2. Das Problem mitten im Schädel oder Warum unser Gehirn eine Falle ist

Wir widmen uns nun zunächst jener essenziellen Einstiegsfrage, wie wir den „IWAN-Zyklus" ausschalten können, um die Herausforderungen einer neuen Zeit schneller zu erkennen und uns schneller und besser auf sie einzustellen.

Dass wir dazu unser eigenes Gehirn etwas besser kennenlernen und verstehen lernen müssen, wurde bereits angedeutet. Und genau damit machen wir nun den Einstieg in unser eigentliches Thema, die Zeitfalle, denn diese Falle steht scharfgeschaltet und hochgradig wirkungsvoll mitten in unserem eigenen Kopf. Doch unser Kopf sollte frei sein für die Aufgaben der Zukunft. Er sollte frei sein für das Erkennen potenzieller Gefahren und diese nicht vergeblich dadurch zu entschärfen versuchen, dass er sie nicht ins Bewusstsein dringen lässt.

Obwohl der Begriff besonders gut geeignet erscheint, um klarzumachen, worum es geht, ist die Bezeichnung „Krokodilgehirn" in der Literatur bisher nicht sonderlich weit verbreitet. Selbst in Google taucht er nur an vereinzelten Stellen auf: So sprach die Lernberaterin Ruth Meinhart im Rahmen eines Seminars darüber, was hinter diesem Begriff steckt und hinter den Reflexen und Denkblockaden, die mit dem sogenannten „Krokodilgehirn" einhergehen.

Nach Meinharts Auffassung erklären sich diese Reflexe

und zeitweisen Blockaden durch unsere eigene Evolution. Im Falle eines Blackouts etwa würde man in derselben Weise zum Spielball eines Reflexes, wie er bei Fluchttieren in besonders gefährlichen Situationen eintritt, in denen eine Flucht unmöglich sei: Dann stellen sich diese normalerweise auf Flucht geprägten Tiere tot, bis sich ihnen hoffentlich eine Fluchtmöglichkeit bietet.

Auch beim Menschen können die evolutionsgeschichtlich ältesten Teile des Gehirns bis heute solche Reflexe auslösen. Und in diesen Fällen wird dann das Großhirn mit seinen rationalen Fähigkeiten und Argumenten auf diese reflexhaften Reaktionen keinerlei Einfluss haben können. „Mit einem Krokodil", wie Meinhart sagt, „können Sie eben nicht diskutieren."

Nun gehen aber die Auswirkungen des Krokodilgehirns über einen Blackout-Totstellreflex weit hinaus. Und zwar in der Hinsicht, dass letztlich alle Strukturen des Gehirns, also auch dessen neuere und höher entwickelte Teile wie das Großhirn, aus den alten Teilen hervorgingen, aus diesen abgeleitet sind. Das Großhirn entstand ja nicht als zweites, völlig neues Gehirn, sondern es entstand als Erweiterung des altbekannten, das bereits da war.

Wir werden im weiteren Verlauf synonym auch den Begriff „Sauriergehirn" verwenden, denn er assoziiert auch die auch uns Menschen betreffende latente Gefahr, wie einst die Saurier völlig von der Bildfläche zu verschwinden.

Insofern hat sich, meist ohne dass wir davon wüssten und ohne dass wir uns dessen bewusst wären, vieles des „Reflexartigen" auch in unser Großhirn übertragen, mit der Folge, dass wir selbst mit unserem Großhirn in vielen Fällen nicht diskutieren können.

Wir sehen uns dazu eines der plakativsten bekannten Beispiele an. Sie müssen nun eine hohe Disziplin haben und dürfen nicht schummeln, wenn Sie den besten Effekt aus dem Experiment haben möchten. Es ist sehr schwer, dieses Experiment in ein Buch zu übertragen, denn am besten funktioniert es normalerweise mit einem lebensechten Versuch, oder zumindest mit einem Video.

Dennoch versuchen wir es. Legen Sie sich dazu am besten als Erstes ein Lesezeichen in diese Seite, damit Sie sie für alle drei nachfolgenden Durchgänge immer leicht finden, auch für den Fall, dass Sie das Buch aus Versehen zuschlagen. Und besorgen Sie sich einen Zettel und einen Stift für die anschließenden Notizen. Dann kann es auch schon fast losgehen:

Schauen Sie sich bitte, nachdem Sie diese Erläuterungen bis zum Ende der Seite gelesen haben, für nur 1/10 Sekunde das Bild auf der übernächsten Seite an und versuchen Sie, sich möglichst viele der sechs Spielkarten zu merken. Am besten machen Sie das so, dass Sie die Augen schließen, dann die Seite umblättern, und nun die Augen nur für die Dauer eines Wimpernschlags öffnen und sofort wieder schließen. Dann blättern Sie sofort hierher zurück und schlagen so das Bild wieder zu. Notieren Sie dann, welche Karten Sie sich merken konnten. Versuchen Sie danach dasselbe für eine Betrachtungszeit von einer halben und dann einer ganzen Sekunde, und machen Sie jedes Mal danach Ihre Aufzeichnungen.

Das Bild auf der übernächsten Seite bitte also nur sehr kurz ansehen und die Bildseite sofort wieder zuschlagen:

[Deckblatt]

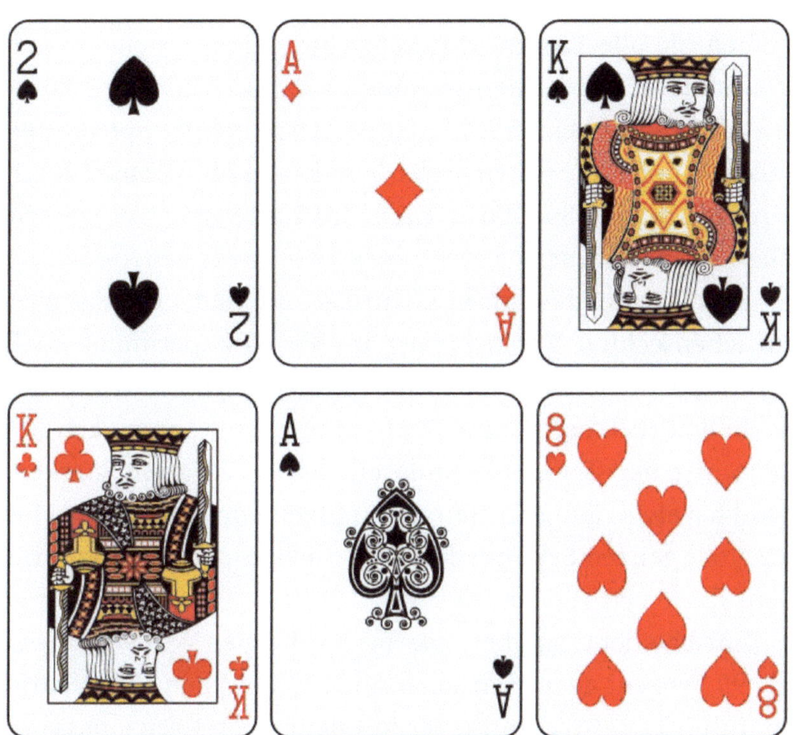

Abb. 3: Das Spielkarten-Experiment

Haben Sie alle Karten aufgeschrieben, die Sie sich merken konnten? Wenn ja, dann können wir zur Auflösung kommen: Der entscheidende Punkt ist, dass eine der Spielkarten falsch ist. Es ist, unten links, ein König mit einem roten Kreuz. Aber die Spielfarbe Kreuz im Kartenspiel ist, wie wir alle wissen, schwarz.

Fakt ist nun, dass unser Gehirn – und man kann das alles im lebensechten Versuch oder im Video-Experiment noch weit eindrucksvoller beweisen – die „richtigen" Karten sehr schnell abspeichern kann. Viele Menschen können sich bereits in einer Zehntelsekunde ein bis drei Karten merken. Und bei etwas längerer Betrachtungszeit von einer halben bis zu einer ganzen Sekunde können etliche sich bereits vier bis fünf Karten richtig einprägen.

Entscheidend ist aber, was in den Köpfen von weit mehr als 99 Prozent aller Menschen mit der „falschen" Karte, also in unserem Beispiel mit jener mit dem roten Kreuz, passiert: Das Gehirn merkt sich diese Karte nämlich nicht. Und das noch viel Entscheidendere ist, dass es nicht einmal aufmuckt und uns zumindest irgendwie signalisiert: „Da passt etwas nicht." Nichts davon.

Nur sehr wenige Menschen äußern nach dem Experiment allenfalls, sie hätten bei der Sache „irgendein komisches Gefühl gehabt". Wie gesagt, gilt das aber nur für eine verschwindend geringe Minderheit, und spezifizieren können die Betreffenden das allerdings auch nicht. Und so bleibt fraglich, was von dem nach der Auflösung des Rätsels herbeizitierten „komischen Gefühl" jener Minderheit wirklich übriggeblieben wäre, hätte man die Teilnehmer im Rahmen der Auflösung des Experimentes über die falsche Karte im Unklaren gelassen.

Der inhaltliche Witz ist nun zunächst einmal der, dass die „falsche" Karte natürlich gar nicht falsch ist. Sie ist nur anders als die Norm. Und anders als die Norm zu sein, das gilt für bestimmte Dinge in unserem Leben, die außerordentlich wichtig sind: Es sind nämlich die Dinge „anders", die weithin als „Innovationen" bezeichnet werden. Neue Lösungen also, neue Technologien und neue Antworten, die sich gelegentlich finden lassen, um die Menschheit voranzubringen.

Und genau hier hat die Menschheit eines ihrer gravierendsten Problem überhaupt, und sie hat es kraft ihres Sauriergehirns: Sie erkennt, da sie wegfiltert, was anders ist, ausgerechnet alle Innovationen und deren neue Chancen ebenso schlecht bis gar nicht wie eine „falsche" Spielkarte, an der nichts falsch ist.

Neu ist sie. Eine Innovation ist sie. Und man könnte mit ihr, um kurz bei diesem eher belanglosen Beispiel zu bleiben, ein neues, spannendes Kartenspiel erfinden, in dem zum Beispiel ein König mit einem roten Kreuz vorkommt, der eine ganz spezielle Auswirkung hat. So sind alle Spiele der Welt entstanden. Als Idee zunächst. Als ein „Man könnte …".

Und bei anderen Innovationen, die unsere Wege kreuzen, ohne dass wir sie auch nur im Ansatz wahrnehmen, geht es beileibe nicht nur um Spielereien: Sehen wir uns ein Beispiel an, das vielen von uns sehr nahesteht und für das wir in der Regel sogar ganz ordentliche Teile unseres Arbeitslebens einsetzen: Es geht um unsere Autos.

Kalkulieren wir einmal ganz einfach, wie viel Treibstoff alle Autos der Welt verbrauchen. Ob Benzin, Diesel oder Entsprechendes an elektrischer Energie, macht letztlich keinen Unterschied; denn auch elektrische Energie muss erzeugt werden, und das geschieht heute auch noch vielfach in Kraftwerken, die etwa Kohle oder Gas verfeuern.

Es gibt heute etwa 1,05 Milliarden angemeldete Autos auf der Welt. Nehmen wir an, jedes fährt im Jahr 25 000 km und verbraucht pro 100 km im Schnitt 6 Liter. Dann verbraucht jedes Auto 1500 Liter Benzin im Jahr. Bei 1,05 Milliarden Autos sind das 1575 Milliarden Liter im Jahr. Warum aber verbrauchen Autos so viel Benzin? Ginge es nicht auch mit 0,1 Litern pro 100 km, bei gleichem Tempo und bei mindestens demselben Komfort, derselben Sicherheit und derselben Vielseitigkeit der Fahrzeuge?

Ein Auto mit einem Motor, der für 400 kW Energie verbraucht, setzt nur maximal 25 Prozent in mechanische Leistung um, die an den Rädern zur Verfügung steht. Der Rest geht in der Abwärme des Motors und des Antriebs verloren und wird durch die heißen Teile des Antriebssystems und durch den Wasserkühler des Motors an die Umwelt abgegeben. Dennoch muss dieser Energiebedarf durch die Tankfüllung gespeist werden, und das wird er auch. Dieses 400-kW-Auto würde also als 100-kW-Auto im Prospekt stehen. Von den 100 kW gehen dann 90 Prozent in die Luftwirbel, was die vorhergehenden Bilder eindrucksvoll visualisieren. Es bleiben 10 kW für die eigentliche Mobilität. Von diesen geht nochmals die Hälfte verloren, weil der Beifahrerplatz aller Autos meist leer ist; 90 Prozent aller Fahrten werden nur mit einer Person im Auto durchgeführt. Der Beifahrerplatz muss aber ebenfalls durch den Wind geschoben werden, und da die Sitze des Autos nicht wie in einem Ruderboot hintereinander angeordnet sind, sondern nebeneinander, ist der Verlust nochmals 50 Prozent. Es bleiben 5 kW übrig. Davon sind nochmals 50 Prozent abzuziehen, weil das Auto mit einem „Kampfgewicht" von aktuell etwa 1,5 Tonnen selbst in der Kompaktklasse mindestens um einen Faktor 2 zu schwer ist und damit weitere Verluste etwa im Reifen-Rollwiderstand einhergehen.

Wie man es auch rechnen mag, so haben am Ende unsere heutigen Autos einen effizienten Wirkungsgrad von 1 bis 2 Prozent – zwei- bis viermal schlechter als die längst verbotene alte Glühbirne!

Dabei werden sich wohl fast alle Automobilingenieure an einen Satz erinnern: „Die Aerodynamik eines Autos entscheidet über etwa 30 Prozent seiner Effizienz." Diese Annahme wird bis zum heutigen Tag von Professoren des Fahrzeugbaus ebenso vertreten wie von Forschungs- und Entwicklungsvorständen der Autoindustrie. Und doch merkt keiner, dass der Aussage der entscheidende zweite Halbsatz fehlt, der da lautet: „… sofern man das Auto nicht ganzheitlich neu denkt, das heißt, es in seiner Gesamtheit weiterentwickelt."

Tatsächlich lässt sich belegen, dass die Aerodynamik, wenn man das Gesamtdesign verändert und alle Bestandteile strömungsoptimiert, nicht allein über 30 Prozent der Effizienz eines Autos entscheidet, sondern bis zu 90 Prozent. Ein Beispiel hierfür ist das „Acabion"-Projekt des deutschen Ingenieurs Peter Maskus, zu dem bereits Prototypen existieren.

Abb. 4: BMW i8 vs. Acabion da Vinci

Im Vergleich zum BMW i8 erreicht das „Da-Vinci"-Modell G1 des Acabion bei einem Viertel des Gewichts und einem Zwanzigstel des Verbrauchs bei einer Spitzengeschwindigkeit von 280 km/h eine Reichweite von 1000 km, das Modell GTBO sogar bei einem Verbrauch von 3 kWh auf 100 km eine Spitzengeschwindigkeit von 700 km/h bei einer Reichweite von 2000 km.[6]

Wenn alle Autos perfekt durch die Luft fahren würden, könnten von den 1575 Milliarden Litern, die Autos jährlich

---

[6]   Alle   Angaben   nach   www.acabion.com;   vgl.   auch http://www.spiegel.de/auto/aktuell/acabion-360-ps-450-km-h-und-nur-2-5-liter-a-448161.html.

verbrennen, 90 Prozent, das heißt 1418 Milliarden Liter jährlich eingespart werden. Das sind etwa 25 Prozent der weltweiten Ölförderung. Dieser Teil der natürlichen Ressourcen wird durch uns Menschen an jedem Tag sinnlos abgefackelt, für einen gravierenden Konstruktionsfehler der Automobilität.

Übrigens bedeutet es auch keine Rettung der Autos, wenn diese zu 100 Prozent elektrisch wären und wenn zudem aller Strom eines Tages rein solar erzeugt würde; denn dann bestünde immer noch keinerlei Grund, einen Großteil davon zu verschwenden. Ganz im Gegenteil wird auch solarelektrischer Strom nie umsonst zu haben sein, und wer einen Großteil davon vergeudet, der baut unnütz Kraftwerkskapazitäten auf und vergeudet deren Investitionskosten ebenso wie den entsprechenden Löwenanteil für Betrieb und Recycling.

Vom „Mount Stupid", dem Berg der Dummheit, aus gibt es dennoch Zwischenrufe, etwa der Art, dass im urbanen Bereich die Aerodynamik kaum eine Rolle spiele. Ein simples Gegenbeispiel aus der Natur sind die Vögel, deren Tempobereich bei 5 bis 70 km/h, also durchaus im Rahmen der urbanen Mobilität, liegt und bei denen der Einfluss der Aerodynamik über die Lebensfähigkeit, das heißt die Verwertung von Nahrung in Energie, entscheidet.

Zurück zum Thema unserer Oberflächlichkeit, denn um die ging es ja: Es fehlen uns die großen Gesamtbilder. Wie werden unsere Nachfahren in zweieinhalb Jahrtausenden über unser Erdöl- und Gas-Zeitalter urteilen? Werden sie sagen: „Sie verbrannten in jeder Sekunde 45 000 Liter fossiler Brennstoffe sinnlos, aber mit gravierenden negativen Folgen für den Planeten und für ihre Wirtschaftssysteme!" Es ist wirklich schlimm, wenn selbst der eigentlich aufgeklärten Welt die Gesamtbilder und die großen Perspektiven verlorengehen.

Und genau weil das so ist, rücken mehr und mehr auch philosophische, also eher ganzheitliche Fragestellungen in den Vordergrund; denn die Auto-Fallstudie ist ja nur eines von vielen möglichen Beispielen.

Um auf das Krokodil- oder Sauriergehirn zurückzukommen, ist also die neurologische Tragik nicht etwa, dass unser Gehirn für alles, was „normal" ist, Schubladen bildet. Die Tragik ist, dass es für alles andere überhaupt keine Schubladen anlegt. Es bildet nicht einmal eine Schublade mit der Aufschrift „Neues und Ungewohntes". Es unterlässt dies wohl, um die vorhandene Kapazität des Gehirns für die, wie es meint, wichtigeren Dinge frei zu halten. Indessen sind die Konsequenzen dieser wohlgemeinten Sparsamkeit fatal; denn wenn es dann mit etwas konfrontiert wird, das in keine der bereits angelegten Schubladen passt, dann stellt unser Krokodilgehirn eben nicht die neugierige und unvoreingenommene Frage: „Was ist denn das jetzt Spannendes?"

Es tut das nicht bei der ungewöhnlichen Spielkarte zuvor, und es tut das auch nicht bei einer fundamental wichtigen Innovation, die 45 000 Liter Öl in jeder Sekunde unseres Lebens einsparen kann, und die dennoch bis heute keinerlei nennenswerte Anerkennung erfuhr.

Nein, unser Gehirn sieht es nicht. Es ist bereits so zur Welt gekommen, blind auf dem Auge der Innovation. Das ist Fakt.

Es ist beweisbar an jedem einzelnen Tag und in jedem Einzelnen von uns. Und das Nichtwahrnehmen unserer Chancen passiert uns auch allen. Und zwar ständig. Nur merken wir es nicht. Warum nicht? Weil unser Krokodilgehirn in seiner Reflexhaftigkeit nicht einmal ein Warnsignal generiert. Und weil es sich in seiner reflexartigen Charakteristik bis heute bis mitten ins Großhirn hinein fortsetzt und auch dort noch immer reflexartig sortiert, was als Beute lohnen könnte oder was als erkannte Gefahr zu meiden ist, während es für alles andere blind ist, wie wichtig es auch immer sein mag.

Wir sprachen zuvor von der Bedeutung einer hochwertigen Bildung für das Ziel, die Zukunft sicher zu erreichen und schnell genug den Ausweg aus der Zeitfalle zu finden. Und in genau dem Kontext ist dieses Beispiel der beweisbaren Blindheit, die wir alle gegenüber allem wirklich Neuen einer der fundamentalsten Bildungsbausteine der Menschheit teilen: zu wissen, dass das eigene Gehirn in seiner Wahrnehmung, als einer seiner wichtigsten Funktionen, in einem großen und bedeutenden Feld des menschlichen Lebens blind ist. Es ist blind gegenüber allen neuen Chancen.

Dieses ist einer der allerwichtigsten Lernbausteine der Menschheit überhaupt. Er ist genauso wichtig, wie es für einen Mediziner wichtig ist, von der Existenz des Blutkreislaufs zu wissen. Er ist genauso wichtig, wie es für einen Physiker wichtig ist, von der Existenz der Energieerhaltung zu wissen. Und er ist genauso wichtig, wie er für einen Koch wichtig ist, gesunde von giftigen Zutaten unterscheiden zu können.

Das Wissen um eine gravierende Blindheit der eigenen Wahrnehmung ist einer der wichtigsten Lernbausteine, weil er auf unsere Defizite aufmerksam macht. Und obwohl er so fundamental wichtig ist, kommt er bis heute in keinem Bildungssystem der Welt auch nur andeutungsweise vor.

An dieser Stelle beißt sich noch eine weitere Katze in den eigenen Schwanz: Einer echten Innovation unseres Bildungssystems steht dessen eigene Blindheit entgegen, bedingt durch die eigene eingeschränkte Wahrnehmung. Es ist wie eine Autobahnbaustelle, auf der für beide Fahrtrichtungen nur noch eine einzige Spur bereitsteht, die auch noch auf zwei Meter begrenzt ist. Na, das wird dann ein Spaß!

Das Problem zu lösen hat in der Tat etwas davon, einem Taubstummen das Singen beibringen zu wollen oder massivem Stahl das Fliegen. Und doch fliegt, wie wir alle wissen, massiver Stahl. Und er fliegt gar nicht einmal schlecht; denn etwas zum Fliegen zu bringen ist nur eine Frage des Antriebs. Will sagen, die Sache ist lösbar. Wie fast alles lösbar ist. Man muss nur das Defizit erkennen und es sich eingestehen, und dann muss man den Treibsatz laden, den es braucht, um der neuen und besseren Sache zum Durchbruch zu verhelfen.

Zunächst ist es noch nicht so weit, und daran, dass unsere sämtlichen hochentwickelten Ausbildungssysteme von den grundlegendsten und wichtigsten aller Lerninhalte nicht einmal im Ansatz etwas ahnen, geschweige denn, dass sie es irgendjemandem vermitteln würden, kann man erkennen, wie blind und wie rückständig wir sind.

Im Kontext der „Alarmstufe Rot", in der sich unsere Welt unterdessen, von den meisten unbemerkt, befindet, bedeutet das insbesondere nichts Gutes, da wir neue Alarmzeichen, wie die eines sich massiv verändernden Klimas oder eines rapiden Verfalls unserer eigenen kulturellen Werte oder auch das zur absoluten Normalität werdende billionenschwere Drucken von Frischgeld gegen die reinen Symptome der nicht nachlassenden Wirtschaftskrise bald schon reflexartig wegfiltern, schlicht, weil es bisher nicht vorkam und also im Sinne des altbekannten „Was nicht sein kann, das nicht sein darf" als scheinbar irrelevant aussortiert wird.

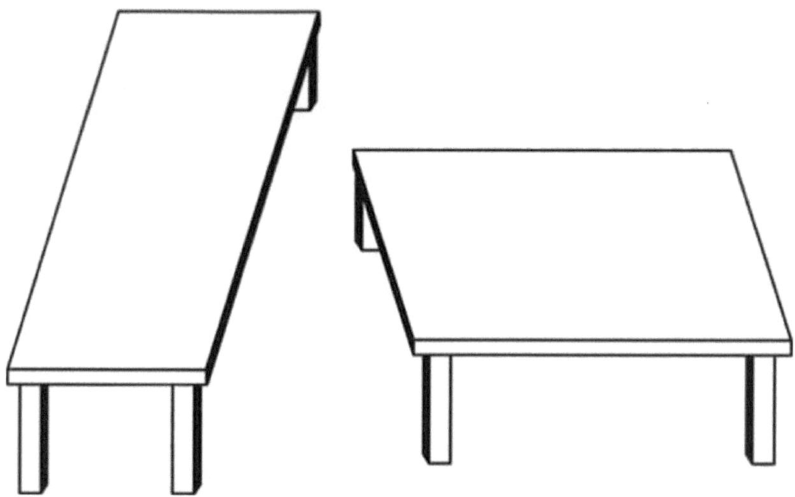

Abb. 5: Optische Täuschung Tischflächen

All das hat sehr viel gemein mit der Wirkung optischer Täuschungen: Unser Gehirn kann gewisse Dinge einfach nicht verarbeiten. So scheinen im obigen Bild die Tischflächen unterschiedliche Formate zu haben. Haben sie aber nicht. Die Flächen sind von identischer Größe. Sie sind nur zueinander um 90 Grad verdreht. Die Täuschung ist unglaublich.

Oder es ist wie bei der Maske, die unser Gehirn niemals als „Hohlform" (wie die Innenseite einer Kuchenform) sehen kann:

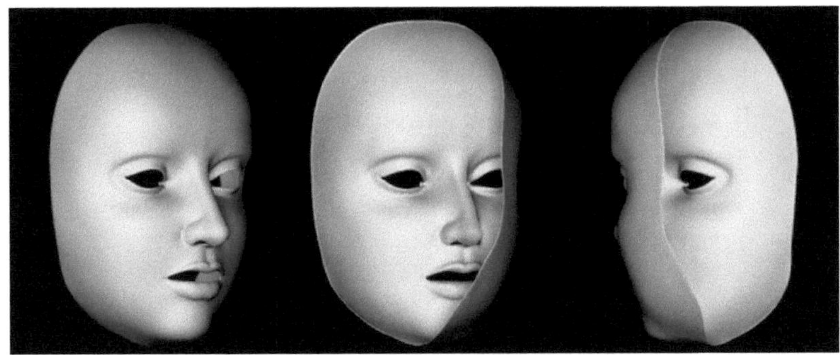

Abb. 6: Optische Täuschung Maske

Wir können es anstellen, wie wir möchten: Unser Gehirn wird die Maske niemals als Negativform deuten, auch wenn der Rand der Form klarmacht, dass es sich um ein Negativ handelt, bei dem die Nase des Gesichts von uns weg zeigt, und nicht auf uns zu. Das Gehirn weiß es besser und liefert uns das Gesicht richtig herum, also falsch herum. Denn ein Gesicht ist ein Gesicht ist ein Gesicht. Fertig, ab. „Krokodilgehirn" eben.

Besonders aufschlussreich sind die zugehörigen Videos. Eine Suche bei YouTube nach „optical illusion mask face" oder „rotating mask illusion" liefert immer ein paar Treffer.

Bei all dem, was hier über die Blindheit unseres in mancher Hinsicht evolutionär belasteten Denkapparats gesagt wurde, darf jedoch ein Eindruck absolut nicht entstehen: der, dass unsere Gehirne einfach wären oder dumm. Das Gegenteil ist der Fall, denn das Gehirn des Menschen bringt Sinfonien hervor und Erkenntnisse über Fusionsprozesse der Sterne. Das menschliche Gehirn ist die bei weitem komplexeste Struktur, die wir im gesamten Universum kennen; seine vernetzte Komplexität sprengt selbst kosmische Maßstäbe. Galaxien haben Milliarden Sterne, die allein durch die Gesetze der Energie und der Gravitation angeordnet sind. Unser Gehirn hat Milliarden Neuronen, und sie sind in einer komplexen Struktur letztlich alle funktional miteinander vernetzt.

Das Gehirn selbst eines Durchschnittsmenschen ist bereits zu phänomenalen Leistungen imstande, von den Potenzialen großer Genies ganz zu schweigen. Umso krasser muss uns allen unsere eigene Blindheit gegenüber allem Neuen anmuten. Zugleich liegt in der immensen Leistung des Gehirns auch die potenzielle Lösung: Wenn wir unser Defizit nur erkennen, werden wir Wege finden, uns auch auf der Achse der neuen Chancen einen „Sehsinn" zuzulegen. Und gerade weil das so ist, ist der Lernbaustein von der eigenen Blindheit so wichtig: Seiner Erkenntnis kann die Lösung folgen und die neue Ausbildung aller Menschen ihren hohen Sinn erhalten.

Der Ausweg aus der Zeitfalle verläuft über unsere verbesserte Bildung. Und der Weg der verbesserten Bildung verläuft über die Erkenntnis unserer eigenen Gehirnfunktionen, ihre Defizite eingeschlossen. Denn lassen wir uns nicht täuschen: Die Konsequenzen unserer Blindheit sind nicht ein humorvoller optischer Trick. Nein, wir opfern ihm tragischerweise in jeder einzelnen Sekunde 45 000 Liter fossiler Brennstoffe und noch weit mehr.

2.1 Der Kontrapunkt der künstlichen Intelligenz

Neuerdings steht unseren einerseits hochkomplexen, andererseits aber noch immer zutiefst im Krokodil-Modus verhafteten biologischen Gehirnen die aufkommende sogenannte künstliche Intelligenz gegenüber, die der Soziologe Dirk Helbing als den größten Umbruch seit dem Zweiten Weltkrieg bezeichnet. Er warnt: Der Fortschritt der künstlichen Intelligenz mache Maschinen immer mächtiger – und gefährde die Menschheit.[7]

Dabei liegt der Schwerpunkt der Betrachtungen vorerst noch in der Kombination von Maschinenleistungen mit der Leistung einzelner Menschen, die sich kraft ihres Zugangs zur Maschinenleistung und zu den entsprechenden Datenmengen allen anderen Menschen gegenüber einen Vorteil und eine herausragende Macht verschaffen. Es geht zunächst noch nicht um voll autarke künstliche Systeme wie in Isaac Asimovs *Ich, der Robot*, sondern es geht vorerst um immer intelligenter werdende Maschinensysteme, die im Leistungsverbund mit menschlichen Gehirnen arbeiten.

Dirk Helbing ist Professor für Computational Social Sci-

---

[7] Dirk Helbing u.a., "Digitale Demokratie statt Datendiktatur." http://www.spektrum.de/news/wie-algorithmen-und-big-data-unsere-zukunft-bestimmen/1375933 (15.11.2016).

ence an der Eidgenössischen Technischen Hochschule in Zürich. Er sieht die Systeme der künstlichen Intelligenz in diesem Kontext als kritisch, weil diese immer mächtiger werden, wie angedeutet primär im Zusammenspiel mit dem kleinen Kreis menschlicher Akteure, denen sie zur Verfügung stehen.

Künstlich intelligente Systeme werden heute vielfach nicht mehr direkt programmiert, sondern sie lernen selbständig und führen damit bereits ein zunehmend autonomes Eigenleben. Dieser Trend wird sich vermutlich deutlich verstärken.

Eines der zahlreichen Probleme dabei ist, so Helbing, dass Informationssysteme im großen Stil gehackt und missbraucht werden können. Das sehen wir weltweit anhand der Explosion der Cyberkriminalität.

Ein anderes und womöglich noch weit größeres Problem jedoch ist das enorme Arbeitstempo der Computer, verbunden mit dem immer höheren Datenvolumen. Das menschliche Denken ist langsamer als die Informationsverarbeitung von Computern. Wir können dadurch immer weniger in Echtzeit sicherstellen, dass intelligente Maschinen in unserem Sinne handeln.

Kein Lebensbereich ist mehr verschont von den Fortschritten und den Gefahren der künstlichen Intelligenz. Hier besteht längst schon das Risiko eines persönlichen Kontrollverlustes. Das Gleiche gilt für Unternehmen und Staaten. Es wird keinen Sektor geben, der nicht herausgefordert ist.

So gibt es etwa automatisierte Verfahren, Menschen durch gezielte Informationen zu bestimmten Handlungen zu bringen. Unsere Entscheidungen werden manipuliert, unser Verhalten dadurch zunehmend gesteuert. Das geht über das Anklicken bestimmter Links längst weit hinaus; denn ähnliche Verfahren werden auch dazu verwendet, um Meinungen zu beeinflussen und um Politik zu machen oder, auch in unserer westlichen modernen Welt, letztendlich sogar Wahlen zu manipulieren. Das greift längst schon sehr tief in unser Leben ein.

Die Dimension und die Sprengkraft der künstlichen Intelligenz sind dabei so groß, dass unsere Wirtschaft und unsere Gesellschaft innerhalb der nächsten etwa 20 Jahre einen fundamentalen Wandel erleben wird: den Übergang von der Dienstleistungsgesellschaft zur digitalen Gesellschaft.

Waren schon in der Vergangenheit die Arbeitsplätze der Menschen einem gravierenden Wandel ausgesetzt, so werden durch den Übergang zur digitalen Gesellschaft erneut etwa 50 Prozent der heutigen Arbeitsplätze wegfallen. Und die entscheidende Frage ist nicht nur die, ob genauso schnell neue, andere Arbeitsplätze geschaffen werden können. Die Frage ist, ob das, selbst wenn es halbwegs gelingt, nicht wie bisher in allen vergleichbaren Fällen auch mit Finanz- und Wirtschaftskrisen, Revolutionen und Kriegen einhergehen wird.

Elon Musk von Tesla Motors und Bill Gates von Microsoft stimmen in ihren Ansichten überein, dass die Menschheit in Anbetracht der schnellen Übergänge in eine digitale Gesellschaft tatsächlich in Gefahr ist, wesentliche Errungenschaften zu verlieren, die uns wichtig waren: Gerechtigkeit, einen Beruf für alle, Demokratie und Freiheit.

Larry Page von Google sieht es etwas entspannter und bezeichnet den Weg zu künstlicher Intelligenz als lang und die

Chancen, der Menschheit langfristig bessere Bedingungen zu verschaffen, als hoch.

Apple-Mitbegründer Steve Wozniak kam jüngst zu der Aussage, dass aus seiner Sicht noch absolut offen sei, ob die weiterentwickelte Technik uns bald ein Leben wie Götter erlauben wird oder ob wir dereinst wie Haustiere superintelligenter Computer enden oder am Ende sogar, von jenen neuen Machtinstanzen als nutzlos und störend empfunden, achtlos zertreten werden wie Ameisen.

Keiner weiß also genau, zu welchem Szenario es kommen wird. Man muss jedoch akzeptieren, dass mehr und mehr intelligente Systeme entstehen werden, die vieles vollbringen können, was früher nur den Menschen vorbehalten war, und die darüber hinaus Dinge leisten werden, die Menschen niemals werden erledigen können. Vielleicht werden sehr langfristig gesehen die künstlichen Intelligenzen den Menschen auf breiter Front überholen.

Es gibt heute schon Firmen, in denen keine Entscheidung mehr getroffen wird ohne Befragung von künstlichen Intelligenzsystemen. Das hält auch in der Politik Einzug. Eine solche Technologie kann man nutzen zum Nutzen aller. Oder man kann sie missbrauchen.

So wie sich die Dinge derzeit entwickeln, liegt der Verdacht nahe, dass zumindest einige sie missbrauchen werden. Von daher werden vielleicht in Wozniaks Fragestellung einige wenige leben wie die Götter – wenn sie das nicht längst tun –, und andere werden dafür in den Staub getreten oder vernichtet wie ein Ameisenhaufen, der die Mächtigen stört. Mehrere Wissenschaftler, unter ihnen auch Helbing, haben deshalb einen Aufruf für mehr digitale Demokratie veröffentlicht. Sie fordern mehr digitale Aufklärung: Jeder Bürger solle selbst darüber bestimmen können, welche Informationen über ihn digital abrufbar sind und wofür sie verwendet werden dürfen. Die Gruppe fordert auch die Dezentralisierung der Informationssysteme.

Bei Computeralgorithmen ist mehr Transparenz vonnöten. Vor allem muss man verlangen, dass mächtige Technologien mit Demokratie und Grundwerten kompatibel sind. Es geht dabei darum, dass jeder seine eigene Datenbrille, seine eigenen Algorithmen und Datenfilter verwenden kann, sodass unsere Weitsicht nicht von wenigen bestimmt wird. Um ein gutes Bild der komplexen Realität zu bekommen, muss man von verschiedenen Perspektiven auf ein Problem schauen können.

Daten für alle, das scheint eine Lösung zu sein. Wenn es umfangreiche öffentliche Daten gäbe, die neue Jobs und eigene Anwendungen ermöglichen, wäre das gut. Es wäre analog zu öffentlichen Straßen für die Industriegesellschaft und zu öffentlichen Schulen für die Servicegesellschaft.

Am besten wäre es, das Internet als Bürgernetzwerk zu betreiben. Wenn das richtig angepackt wird, würde das Echtzeitmessungen gesellschaftlich relevanter Fragen erlauben, es würde mehr Bewusstsein für unsere Umwelt schaffen, einschließlich der Datenumwelt, es könnte effiziente, selbstorganisierte Systeme ermöglichen und kollektive Intelligenz unterstützen. Wir alle könnten dann bessere Entscheidungen treffen, dank digitaler Assistenten.

Ob die Chance genutzt wird, ist indessen unklar.

2.2 „Ich, der Robot" steht vor der Tür, so oder so

Insbesondere interessant erscheint heute die mittelfristige Perspektive der technologischen Zukunft, denn so, wie seit den 1980er Jahren die Computer fast unerwartet Einzug in unser Leben erhielten und bald darauf das Internet uns in einem unausweichlichen Netz einfing wie die Fliegen, werden sehr bald die Roboter Einzug in unser Leben halten und uns genauso gefangen nehmen wie das Internet.

Abb. 7: Kollege Roboter

Diese Entwicklung ist vollkommen logisch und unausweichlich: Einerseits sind es insbesondere die Aktuatorik, die Erfassung und Erzeugung von Bewegungen, und die Sensorik, die Umwandlung von Messgrößen in elektrische Signale, die immer weitergehende Fortschritte machen, und damit handelt es sich präzise um die Technologien, mit denen man Roboter baut. Zwar mag der menschenähnliche Kollege Roboter, der den Arbeiter in der Fabrik ersetzt, Zukunftsmusik bleiben, aber die selbstgesteuerten Kehrmaschinen im Haushalt sind sicherlich erst der Anfang. Welcher Mensch, der es sich leisten kann, würde nicht zugreifen, wenn es möglich wird, für 3000 Euro einen kleinen Gefährten zu erwerben, der einem morgens einen Kaffee ans Bett bringt, einem die Wohnung aufräumt, die Wäsche wäscht, bügelt und zusammenlegt und der die Fenster putzt, die Blumen gießt, und das alles extrem diszipliniert und genau – jemand, der, kurz gesagt, alles für uns erledigt, was wir selbst nicht so gerne tun?

Wenn der kleine Gefährte dann obendrein noch mit uns kommuniziert, wird das für viele eine noch wichtigere Bereicherung des Lebens sein; denn dann findet sich ein Partner, der nicht widerspricht oder streitet, sondern der auf Harmonie und Kooperation programmiert ist. Es sei denn, ein Kunde bestellt das Modell „Streitlust“, weil ihm sein Leben zu fad ist …

Im Laufe der Jahre wird die Entwicklung der Roboter auf jeden Fall immer stärker werden, das heißt, die Systemleistung wird immer weiter zunehmen und – kommen wir auf das Feld der künstlichen Intelligenz zurück – die künstlichen

Gehirne dieser Roboter dürften unausweichlich immer leistungsstärker werden. Und es ist darüber hinaus zu vermuten, dass diese Systeme selbst über ein hochentwickeltes Internet vernetzt sein werden.

Damit wird die künstliche Intelligenz dann zur großen Hilfe ebenso wie zur gewaltigen Gefahr; denn sobald Künstliche-Intelligenz-Systeme auch noch ihre eigene Motorik haben und sich selbständig bewegen können, werden umso größere Anstrengungen zu unternehmen sein, ihre Macht im Zaum zu halten – und ganz besonders auch die Macht durch die wenigen menschlichen Internetmachthabenden, die dann auch noch auf die durch Roboter gesammelten Daten zugreifen können.

Es wird insofern dringend zu unterscheiden sein zwischen künstlicher Intelligenz, die zu hundert Prozent selbständig agiert, und künstlicher Intelligenz, die in Wahrheit nur Befehlsvollstrecker weniger Menschen ist, die in den Schaltzentralen des Internets und der Finanzsysteme die Fäden in der Hand halten.

Mag sich jeder sein eigenes Bild machen, von welchem der beiden Szenarien die höhere Gefahr ausgehen könnte. Einiges scheint jedoch dafür zu sprechen, dass einige wenige Menschen, denen das Schicksal und der Zufall eine Machtposition in die Hände spielte, die neuen Technologien einer wachsenden künstlichen Intelligenz massiv für ihre eigenen Zwecke missbrauchen werden. Die Missbrauch betreibenden Menschen werden aller Erfahrung nach auf lange Sicht gegenüber wirklich vollkommen autonomen KI-Systemen der Zukunft die weit größere Gefahr bleiben.

Auf sehr lange Sicht mag sich das verschieben, sodass eventuell eine zeitliche Abfolge entsteht, in der zunächst in kommenden Jahrzehnten und sogar noch in den nächsten Jahrhunderten die im Hintergrund lenkenden menschlichen Einflüsse das kritische Moment der KI-Systeme bleiben und entlang derer erst danach, vielleicht sogar erst in tausend Jahren oder noch später, die Lenkung der Macht mehr und mehr von wirklich autonomen KI-Systemen übernommen wird. Selbst dann jedoch dürfte der Einfluss der Menschen noch nachweisbar und unter Umständen sogar entscheidend sein; denn wenn einst auch vollständig autonome KI-Systeme aus Menschenhand hervorgehen, so werden diese Systeme immer noch zentrale Verhaltensmuster ihrer menschlichen „Eltern" in sich tragen.

Und damit, so lässt sich zumindest berechtigt vermuten, könnten eines Tages künstliche „Krokodilgehirne" das weitere Schicksal des Planeten lenken. Darüber hinaus erscheint recht klar, dass jede sich selbst überlassene Entwicklung auch in Fragen der KI-Systeme für die Allgemeinheit wenig wünschenswerte Folgen und Nebenerscheinungen haben dürfte.

Ebenso klar ist jedoch der einzig denkbare Ausweg, nämlich der, dass es zu einer Erhöhung der Selbsterkenntnis kommt, und dass der Mensch mehr über sich selbst weiß und über seine Schwächen und seine Begrenzungen.

Auch in Sachen der Beherrschung der künstlichen Intelligenz verläuft also der Königsweg der guten Chancen der Menschheit über die sich mit entwickelnde Qualität der allgemeinen Ausbildung aller Menschen.

2.3 Der Lösungsweg führt über die Selbsterkenntnis

Wir haben die Betrachtungen über unser eigenes Gehirn mit einigen anderen einleitenden Überlegungen an den Anfang des Buches gesetzt, weil alle seine Kapitel davon tangiert werden. Alles, was wir als Risiken wahrnehmen und als Chancen für die Zukunft erkennen, hängt einzig davon ab, was unsere Gehirnfilter in unser Bewusstsein durchdringen lassen.

Unser Krokodilgehirn steckt in unserem eigenen Kopf und schnappt nach uns selbst, und um die Zusammenfassung alles bisher Gesagten komplett zu machen, ist auch der erwähnte „IWAN-Zyklus" Teil unserer Krokodildenke: Wir haben, ohne es zu wissen, einen intensiven Ablehnungsreflex gegen alles Neue, und sei es gegen sauberes Wasser. Nein, sofern wir nur den alten Matsch gewohnt sind, bleiben wir, wie die Krokodile, meist lieber dort stecken. Immerhin kennen wir uns da besser aus.

Das genau ist das Kritischste am Krokodilgehirn und am „IWAN- Zyklus" zugleich: Oft genug bleibt es ja beim I und beim W. Wann immer es nämlich eine bessere Wahl gäbe, etwa die der umweltfreundlichen Solarenergienutzung, bauen wir bis heute viel zu oft noch die alte Ölheizung ein, einfach weil wir das besser kennen und weil wir der Photovoltaik so lange widersprechen, bis wir die Entscheidung für die Ölheizung gefällt haben und damit das Thema vom Tisch ist.

Eine „Neue Welt" findet dann eben gar nicht statt, weil wir sie schlicht und einfach aussortiert haben und stattdessen beim alten Quark bleiben. Das Problem ist nur: Es kommt so oder so ganz zwangsläufig der Zeitpunkt, an dem der alte, vor sich hin gammelnde Quark uns bei lebendigem Leibe unter sich begräbt …

In den nächsten Kapiteln wollen wir uns ansehen, ob dieses Verbleiben im Altbekannten zumindest zeitweise die richtige – weil vermeintlich weniger riskante – Entscheidung ist, und wir stellen die Gegenfrage, ob wir überhaupt die Wahl haben, ein neues und besseres System abzulehnen. Es könnte nämlich sein, dass uns der alte Matsch austrocknet, noch während wir darin feststecken. Mit anderen Worten ergeben sich manche Chancen, etwa die, in ein sauberes Gewässer zu wechseln, nur einmal.

Selbst wenn es in das Gehirn der alten Krokodile noch durchgedrungen ist, dass der Flusslauf längst unaufhaltsam austrocknet, könnte es sein, dass das frische Gewässer längst unerreichbar ist, weil die Insel sich durch tektonische und erosive Mechanismen teilte und man nun dort, wo sich vor Zeiten der neue Flusslauf fand, auf das Salzwasser des offenen Ozeans stößt, für „Süßwasser-Matschkrokodile" wie uns ein unüberwindbares Hindernis.

Gelegenheiten werden in den meisten Fällen nur dann zu Chancen, wenn man sie früh genug ergreift. Um einen günstigen Aktienkurs kann es morgen geschehen sein, die große Liebe, die man nicht ansprach, fand einen anderen Partner, und die berufliche Option, die man verstreichen ließ, ergriff ein Kollege. „Ignorieren und Warten", als die man die abgekürzte Falle des „IW" auch bezeichnen könnte, ist eine Option. Erfolgversprechend ist sie auf lange Sicht nicht.

2.4 System-Grundlagenwissen oder Warum uns so vieles nicht gelingt, schlicht weil es nicht gelingen kann

Wir stellen den weiteren Ausführungen zunächst noch ein weiteres allgemeines Kapitel voran, das sich einer fundamental wichtigen Erkenntnis widmet, die kaum jemand kennt, die aber eigentlich jeder ebenso kennen sollte wie die reflexhafte Blindheit unserer eigenen Gehirne allem Neuen gegenüber.

Die Technische Universität Berlin verfügt seit dem Anfang der 1970er Jahre über ein Institut für Bionik. Dort werden aus der Sicht von Ingenieuren fundierte Forschungen betrieben, in denen die Biologie nicht mehr nur als Feld der gelegentlichen Rand-Inspiration gesehen wird, sondern als Quelle fundamentaler Erkenntnisse. Als besonders interessanter Ansatz erwies sich, nicht nur technische Lösungen biologischer Vorlagen zu studieren, sondern auch strategische Aspekte, denen die Evolution seit Jahrmilliarden erfolgreich nachgeht.

Dabei ist ein gedanklicher Ansatz einiger Wissenschaftler besonders interessant, gemäß dessen die Evolution selbst ihre eigene Strategie ebenso optimierte, wie sie die bionischen Lösungen der Lebewesen optimierte. Das ist verblüffend, denn mit Bionik oder Evolution bringt man doch normalerweise nur die Bauformen und die technischen Details der jeweiligen Spezies in Verbindung.

Die Grundüberlegung zur strategischen Komponente der Evolution ist jedoch die, dass die Evolution selbst, wann immer es eine strategisch bessere Option gab, ihre Mechanismen schon deshalb dieser Strategie angepasst hat, weil die Lebewesen, die aus dieser veränderten Strategie hervorgingen, sich als überlegen erwiesen und insofern die Elemente der verbesserten Strategie in sich weitergetragen haben. Um den Kontext vollständig zu verstehen, muss man ergänzend zur Kenntnis nehmen, dass sich die evolutionäre Strategie in den Lebewesen, die sie hervorbringt, direkt verankert. Und zwar dadurch, dass diese Lebewesen ebenjenen strategischen Vorgaben gehorchen und diese strategische Feinabstimmung direkt in ihren Lebensbauplänen, unter anderem in ihrem Erbgut und in dessen Wirkmechanismen, von Generation zu Generation mittragen. Die Evolutionsstrategie ist also eine überaus praxisnahe und in keiner Weise eine rein theoretische Angelegenheit.

So lässt etwa die Erbinformation der Lebewesen in ihrer Weitergabe an eine jeweils nächste Generation immer nur Veränderungen einer bestimmten begrenzten Radikalität zu. So wird, von seltenen und meist nicht lebensfähigen Fehlbildungen abgesehen, kein Junges, das von vierbeinigen Elterntieren abstammt, mit drei oder fünf Beinen auf die Welt kommen. Was sich ändert, sind allein feinere Details wie die exakte Form der Gelenke oder die genaue Körpergröße. Das ist mit „Begrenzung der Radikalität" gemeint.

Andererseits stellt das Fortschreiten von Generation zu Generation sicher, dass es auch nicht zu Nachfahren kommt, die sich von ihren Vorfahren so wenig unterscheiden, dass man die Unterschiede gar nicht fände. Es lassen sich also durchaus Änderungen feststellen, die über ein gewisses Mindestmaß deutlich hinausgehen.

Damit halten das Erbgut und seine Prozesse der Weitergabe von Informationen an die jeweils nächste Generation immer ein recht genaues „Fenster“ ein, innerhalb dessen Änderungen von einer auf die andere Generation zumindest in einer bestimmten minimalen Größe bewusst sichergestellt werden, wobei zugleich das Überschreiten einer gewissen maximalen Größe mit allen Mitteln verhindert wird.

Und genau diese Abstimmung hat eindeutig strategische Gründe. Diese entscheidenden Zusammenhänge wurden unter anderem am Institut für Bionik in Berlin entschlüsselt und bewiesen. Wir sehen uns das konkrete Vorgehen dazu anhand eines Beispiels an:

In Experimenten wurde das beschriebene und aus strategischen Gründen auf ein bestimmtes „Fenster“ beschränkte Änderungsverhalten des Erbgutes simuliert und auf unterschiedliche, auch technische Optimierungsaufgaben übertragen. In einem Beispiel wurde etwa der maximale Auftrieb eines Tragflächenprofils gesucht. Und dies bei möglichst geringem Strömungswiderstand in Bewegungsrichtung.

Das nachfolgende Bild skizziert den Versuch, wobei A den Auftrieb kennzeichnet und W den besagten Strömungswiderstand. Zusätzlich stehen die Profilkoordinaten y_o und y_u für die Kennzeichnung der Höhe und der Dicke des Profils an unterschiedlichen Stellen.

Wie skizziert strömt die Luft von links nach rechts. Vor vielen Jahren wurden diese Versuche im Institut für Bionik in einem Windkanal durchgeführt, wobei das Strömungsprofil durch eine gewölbte Fläche simuliert und die resultierenden Werte für Auftrieb und Widerstand gemessen wurden. Genauer gesagt wurde die Wölbung der Fläche durch mehrere ebene Segmente angenähert, deren Winkel gegeneinander von Versuchsgeneration zu Versuchsgeneration verstellt werden konnten.

In der heutigen Zeit kann man mit computerbasierter Strömungsrechnung (CFD = Computational Fluid Dynamics) arbeiten und ein entsprechendes 3D-Profil in die Simulation einsetzen.

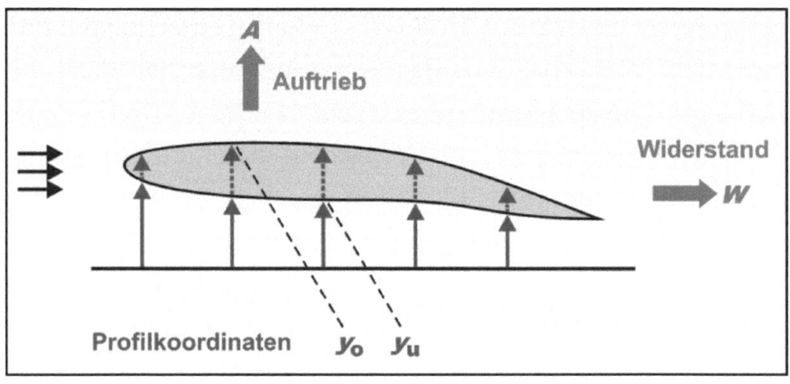

Abb. 8: Optimierung eines Auftriebprofils

Entscheidend ist, dass entweder im durch Flächenstreifen angenäherten überwölbten Profil oder im 3D-Profil, das in die CFD-Simulation eingegeben wird, die Änderungen von Generation zu Generation des Versuches ausschließlich und in jeder Generation innerhalb eines ganz bestimmten Fensters liegen, heißt also: nicht unterhalb bestimmter Minimalwerte und nicht oberhalb bestimmter Maximalwerte.

Als einzige Zutat braucht es nun nur noch eines mathematischen Algorithmus, der

- die Übergänge von Generation zu Generation sicherstellt,
- für die Einhaltung des „Evolutionsfensters" sorgt,
- eine Bewertung durchführt, welche Veränderungen zu besseren und welche zu schlechteren Resultaten führten, und der
- anhand dieser Qualifizierung die Auswahl trifft, welche „Elternelemente" sich jeweils in eine nächste Generation übertragen und welche nicht.

Ein solches Vorgehen wird in Anlehnung an das, was die Evolution seit Jahrmilliarden nicht anders vorlebt, als „evolutiver Algorithmus" bezeichnet.

Die Faszination besteht nun darin, dass ein auf eine solche anspruchsvolle Optimierungsaufgabe angesetzter evolutiver Algorithmus optimale Resultate erzielen kann, tatsächlich so, als sei ein Ingenieur allerhöchster Kompetenz am Werk.

Es gibt jedoch eine entscheidende Einschränkung; denn diese Lösung wird nur dann gefunden, wenn die Schrittweiten der Veränderungen von Generation zu Generation innerhalb eines für den jeweiligen Fall geeigneten Evolutionsfensters liegen.

Und noch etwas Weiteres ist interessant: Im nachfolgenden Bild ist nämlich aufgezeichnet, wie schnell das System sein Optimum findet, wenn die Veränderungen von Generation zu Generation (eben die sog. Schrittweiten) sehr klein sind (niedrige Δ-Werte), und wie sich die Fortschrittsgeschwindigkeit einstellt, wenn die Δ-Werte zunehmen, heißt also, die Größe der Veränderungen von Generation zu Generation zunimmt.

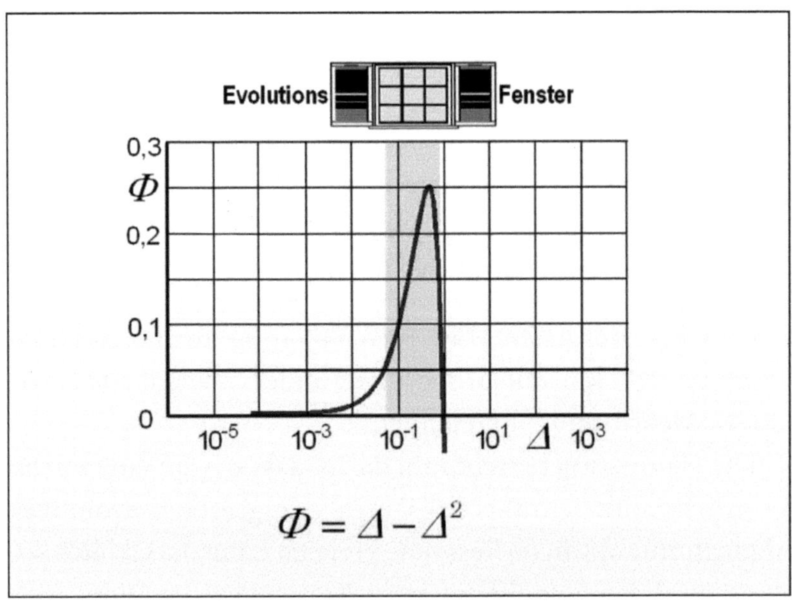

Abb. 9: Das Evolutionsfenster

Erkennbar werden dabei drei fundamental wichtige Zonen:

Erstens wird die Fortschrittsgeschwindigkeit Φ gleich null, wenn Veränderungen von Generation zu Generation zwar da sind, diese aber zu klein werden, also unterhalb des Evolutionsfensters liegen. Der Grund liegt hier darin, dass das System nicht erkennen kann, ob eine Veränderung einen Fortschritt bringt oder nicht. Jedes reale System existiert innerhalb eines „Grundrauschens" an Störsignalen. Und wenn das Grundrauschen größer wird als das, was ggf. durch minimale Systemveränderungen an marginalen Fortschritten erreicht wurde, werden damit die Verbesserungen ungreifbar, und das System kann keine Lerneffekte daraus ableiten. Es kommt zur totalen Stagnation: Das System erstarrt in einem Zustand, der alles andere verkörpern kann als ein auch nur angenähertes Optimum.

Zweitens erreicht die Fortschrittsgeschwindigkeit ein Maximum, wenn innerhalb des Evolutionsfensters von Generation zu Generation ein bestimmter optimaler Schrittweitewert erreicht wird.

Und drittens, und das dürfte die überraschendste Erkenntnis sein, stürzt das System ab, das heißt, es wird zerstört, und zwar vollständig und unwiederbringlich, wenn die Schrittweiten zu groß werden. Wobei der Grund, populärwissenschaftlich gesprochen, darin liegt, dass das System dann seine errungenen Eigenschaften nicht mehr speichern kann. Sie gehen in der Radikalität der nächsten Generationen unter, deren radikale Experimente mutige Schritte sein mögen, denen jedoch ein entscheidender Nachweis fehlt: der nämlich, dass sie etwas taugen.

Das heißt zusammengefasst: Das zu traditionelle System erstarrt, und das zu revolutionäre System zerstört sich selbst. Nur das weise vorgehende System entwickelt sich beständig weiter, und je klüger es dies tut, umso schneller kommt es voran. „Weise" heißt in dem Kontext, Schritte erst dann zu gehen, wenn deren Resultate quantitativ bestätigt sind.

Bleibt zu ergänzen, dass die obere und untere Grenze des Evolutionsfensters sich verschieben, je nachdem, wie weit das System noch von seinem Optimum entfernt ist. Dabei sind bei großer Entfernung vom Optimum größere maximale Schrittweiten zulässig und sogar empfehlenswert. Wer also in Anbetracht der Innovations-Fallstudie dieses Buches, dem Automobil-Nachfolger, zu dem Schluss kommen mag, dass die Schrittweite der Entwicklung recht groß sei, weg von der „alten Kiste" hin zum „Jet auf Wheelwings", der sei beruhigt: Die alte Kiste ist so weit von irgendeinem Optimum entfernt, dass eine sehr große Schrittweite nicht nur unproblematisch, sondern sogar evolutionsstrategisch zwingend geboten ist. Erst in der Detailkonstruktion wird eine sich verengende Schrittweite erforderlich, bis hin zu Konturveränderungen an der Karosserie, die mit bloßem Auge nicht mehr zu erkennen sind.

Das Institut für Bionik beweist die allgemeine Gültigkeit der Zusammenhänge von Evolution und Optimierungsstrategie mit mathematischer Präzision. Diese Gesetzmäßigkeiten betreffen jedes System, nicht nur Systeme, die sich weiterentwickeln wollen: Auch ein System, das an seiner Weiterentwicklung gar nicht interessiert ist und einfach nur so bleiben will, wie es ist, setzt definitiv und mit mathematischer Unnachgiebigkeit seine Existenz

aufs Spiel, wenn es in Zeitmaßstäben, die eine Generation betreffen, zu große Änderungen, gleich welcher Art, zulässt. Mehr noch, führt es zu große Änderungen zu schnell herbei, so spielt es nicht nur ein riskantes Spiel; nein, es besiegelt sein Schicksal und seinen eigenen Untergang mit absoluter Sicherheit.

Dass diese universelle Gesetzmäßigkeit außer einem kleinen Kreis systemtechnischer Spezialisten niemandem bekannt ist, grenzt an Wahnsinn, und es könnte sein, dass die Menschheit allein an dieser gravierenden Unkenntnis zugrunde geht. Je mehr sich ein System dann seinem Optimum nähert, umso kleiner sind die maximal zulässigen Veränderungen. Dabei scheint das System in gewissen Grenzen tolerant zu sein, und so, wie es das Bild des Evolutionsfensters anzeigt, sind Fortschritte entlang einer beachtlichen Bandbreite von Schrittweiten möglich.

So oder so: Der Ausweg aus der Zeitfalle erfolgt über die Bildung. Das Evolutionsfenster ist ein fundamentaler Wissensbaustein, den alle Menschen erlernen sollten, und zwar im Grunde genommen, didaktisch passend aufbereitet, bereits in der Grundschule.

3. Risikoszenarien und Zeiträume

Von Karl Valentins Aussage, dass „Prognosen schwierig sind, vor allem dann, wenn sie sich auf die Zukunft beziehen"[8], scheint auch weiterhin eine gewisse Allgemeingültigkeit auszugehen.

Dabei lautet die Antwort auf die Frage, ob Prognosen unsicher sind, eigentlich immer „ja und nein". Es lohnt sich nämlich, Betrachtungen, die die Zukunft betreffen, mit einem weiteren Horizont und mit besserer Differenzierung ihrer impliziten Logik anzustellen. Es erstaunt dabei vor allem ein Prinzip, das in nur scheinbarer Widersprüchlichkeit am Ende ausgerechnet die langfristigen Prognosen sicherer macht.

Betrachten wir als Beispiel das Wetter, so ist eine Vorhersage von nur einem auf den anderen Tag oft genug so fehlerbehaftet, dass der extra mitgebrachte Regenschirm dann doch nicht gebraucht wird oder man umgekehrt im kurzen sommerlichen Dress unerwartet so richtig nass wird. Und trotz aller Supercomputer verliert sich darüber hinaus die Wetterprognosesicherheit jenseits jedes 7-Tage-Horizontes

---

[8] Das Zitat geht im Original unter Umständen auf einen dänischen Politiker und nicht auf Karl Valentin zurück. Valentin brachte es aber so besonders schön, dass es durch ihn zum Klassiker wurde.

im Nirwana der „Schmetterlingseffekte"[9] und im Grundrauschen der enormen Komplexität unserer wirklichen Welt.

Ein Schalk, wer nun versucht, eine Vorhersage zu treffen, die nicht nur über 7, sondern zum Beispiel über 90 Tage hinausgeht? Mitnichten, denn der Herbst wird jedes Mal im Durchschnitt kühler sein als der Sommer. Und noch sicherer wird hier bei einem Horizont von 180 Tagen die Annahme, dass der Winter frostiger wird als der Sommer oder umgekehrt der Sommer milder als der Winter.

Ein Paradoxon? Wohl kaum, denn dass die kurzfristigen Prognosen der Quanteneffekte im phosphoreszierenden Zifferblatt unserer kosmischen Wanduhr ein Ding der Unmöglichkeit bleiben, heißt eben überhaupt nicht, dass die Stundenzeigerbewegungen des großen Uhrwerks nicht vorhersagbar wären. Das Gegenteil ist der Fall, und genau so verhalten sich die meisten realen Phänomene: Je größer der Zeithorizont, umso sicherer wird vielfach die Prognose.

Die Sonne etwa wird in diesem sicher prognostizierbaren Sinne in gut 5 Milliarden Jahren zum roten Giganten, und danach wird sie verglühen. Darauf kann man sich getrost verlassen, ganz gleich ob das Wetteramt in Frankfurt bei der Niederschlagsprognose für den übernächsten Nachmittag richtig- oder falschlag.

In diesem Abschnitt wollen wir nun die Sicherheit der langen Zeiträume suchen und uns zusätzlich klarmachen, dass die Menschheit sehr viel Zeit brauchen wird, um ihre ganz großen Herausforderungen zu meistern. Erst danach werden

---

[9] Siehe im Themenumfeld der Chaos-Theorie.

wir uns ansehen, wie groß die Gefahr ist, dass unsere Spezies aus vielfachen Gründen diese Zeit vielleicht nicht einmal annähernd bekommen wird. Und das bereits ohne die eigenen gravierenden Fehler, die uns mit einiger Sicherheit unterlaufen werden und die uns selbst und unseren Nachfahren die knappe bereitstehende Spanne nochmals sehr viel deutlicher abkürzen dürften.

Aber eins nach dem anderen. Sehen wir uns zunächst an, dass es für die Menschheit Aufgaben gibt, deren Erledigung wirklich lange Zeiträume überdeckt.

Wir beachten dabei gezielt nicht, dass wir alle meist mit den kleinen Dingen des Alltags schon bei weitem genug beschäftigt sind, um uns um langfristige allgemeine Probleme auch noch Sorgen zu machen. Nein, wir lassen das ganz außer Acht und schildern einfach erst einmal, welches Schicksal die Erde ganz sicher erwartet, und dann schauen wir uns an, ob nicht eine Mehrheit unter uns doch in der Lage ist, neben dem Alltagstrott auch in langen Zeiträumen zu denken.

Wer an Letzterem Zweifel hat, dem mag die Rückbesinnung auf ein altes Berufsbild helfen: Jedem Dombau-Architekten des Mittelalters war klar, dass er die Vollendung seines Werkes wahrscheinlich nicht mehr selbst erleben würde.

Die Grundsteinlegung des Kölner Doms etwa, als einem der berühmtesten gotischen Bauwerke der Welt, entstanden nach einem Plan des großen Dombaumeisters Gerhard von Rile, erfolgte am 15. August 1248.

17 Jahre später, im Jahre 1265, war erst ein kleiner Teil der Kellergewölbe fertiggestellt, und als im Sommer des Jahres

1277 Albertus Magnus zumindest den Windfang des Gotteshauses, das heißt also, die Domsakristei und den dortigen kleinen Altar, einweihte, da war Meister Gerhard bereits seit sechs Jahren tot.

Um 1375 entstand der Figurenschmuck des Petersportals. Bis 1389, 141 Jahre nach der Grundsteinlegung, war der Bau so weit fortgeschritten, dass am 7. Januar 1389 anlässlich der Eröffnung der neu gegründeten Universität eine erste Messe gelesen werden konnte, bildhaft gesagt, in einem gotischen „Bungalow", denn 1410 erreichte der Südturm erst das zweite Geschoss. 1448/49 wurden die ersten Großglocken gegossen und im Südturm in einer Höhe von 57 Metern aufgehängt. Die weiteren Turmbau-Arbeiten wurden danach jedoch weitgehend eingestellt.

Gegen Ende des 15. Jahrhunderts ließ die Bauintensität stetig nach. Es fand noch die Grundsteinlegung des Nordturms statt, aber seit 1510 wurden die Arbeiten am Dom sukzessive eingestellt. Im Jahre 1560 kam es dann zu einem vollständigen Baustopp, nachdem das Domkapitel offiziell die Finanzierung weiterer Dombau-Arbeiten beendet hatte.

Als Gründe für die Einstellung nimmt man veränderte ästhetische Vorstellungen, vor allem aber auch durch die Reformation nachlassenden Ablasshandel und geringere Pilgerzahlen an, was zu finanziellen Problemen führte.

Es vergingen mehr als zweihundert Jahre, ohne dass am Dom irgendeine weitere Baumaßnahme durchgeführt worden wäre.

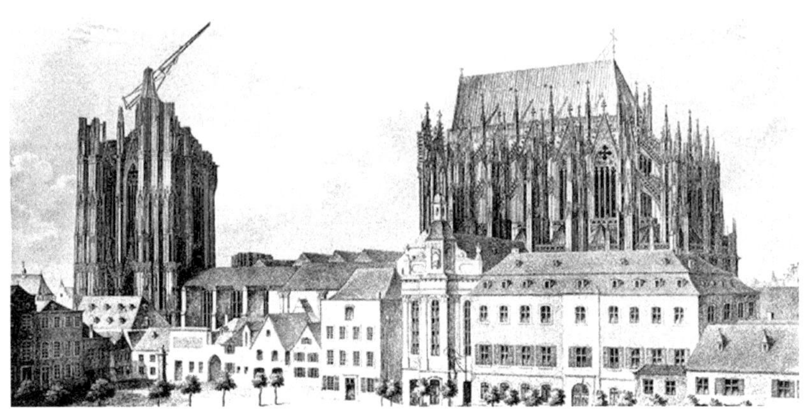

Abb. 10: Bau des Kölner Doms

Ab 1794 kam es dann zu starken Beschädigungen des halb fertigen Doms infolge der französischen Besatzung Kölns. Das Gotteshaus wurde fortan von den napoleonischen Truppen als Pferdestall und Lagerhalle genutzt.

Über dreihundert Jahre hinweg bestimmte somit der unfertige Kölner Dom die Silhouette der Stadt, und die erstellten Abschnitte verfielen in der langen Zeit so sehr, dass zwischenzeitlich sogar ein Abriss der Kathedrale erwogen wurde. Das Wahrzeichen Kölns in diesen Jahrhunderten war, bis 1868, ein auf dem bis dahin unvollendet gebliebenen Südturm des Kölner Doms stehender, durch Treträder angetriebener hölzerner Baukran aus dem 14. Jahrhundert.

Andere spannende Dinge ergaben sich jedoch in Sachen der alten Baupläne, denn im Jahre 1814 wurde eine Hälfte des gotischen Fassadenplanes für den Kölner Dom in Darmstadt wiederentdeckt. Die andere Hälfte des Planes wurde 1816 in Paris gefunden, und um die Wende zum 19. Jahrhundert lenkten die erstarkenden Romantiker in ihrer Begeisterung für das Mittelalter das Interesse erneut auf den unvollendeten Dombau, der zudem als Symbol für die deutsche Einheit in der sich verstärkenden Nationalbewegung Bedeutung erhielt.

Die Sanierung des bereits Erstellten und der Weiterbau wurden also beschlossen.

Finanziell beteiligte sich nun auch der Staat Preußen, und im Jahre 1823 wurde die Dombauhütte wiedereingerichtet. Die Restaurierungsarbeiten begannen umgehend. Im Jahre 1848, 25 Jahre später, wurde dann mit einem dreitägigen Fest die 600. Wiederkehr der Grundsteinlegung gefeiert.

1863 war das Innere des Doms vollendet. Nach 560 Jahren fiel die Trennwand zwischen Chor und Langhaus. Danach wurde an der Westfassade weitergebaut, und 1880 wurde der Dom nach über sechshundert Jahren vollendet, getreu den Plänen der Kölner Dombaumeister des Mittelalters und dem erhaltenen Fassadenplan aus der Zeit um 1280.

Die damalige Farbe des Steins wird übrigens als hellbeige beschrieben, womit sich andeutet, dass die Bausubstanz in den sechshundert Jahren seit 1248 weniger verschmutzte als in den gut einhundert nachfolgenden Jahren seit dem Beginn der Industrialisierung. Dies aber nur am Rande.

Die Essenz ist auf jeden Fall, dass die Dombau-Architekten des Mittelalters um ein Vielfaches weiter blickten als wir „aufgeklärten" Menschen der Neuzeit.

Die Geschichte des Kölner Doms beweist, dass Menschen grundsätzlich in der Lage sind, sehr lange Zeiträume zu überblicken und Werke zu planen, deren Vollendung so weit über ihr eigenes Leben hinausgeht, dass ihre eigenen Spuren zum

Zeitpunkt der Fertigstellung im Sand der Geschichte bereits fast vollständig verschwunden sind.

Für eine Philosophie, die eine Grundlage für persönliches Glück und gute Prosperität in einer weiten Zukunft unserer Spezies bilden möchte, ist dieser Aspekt eines langfristigen Denkens und Handelns ein entscheidendes Moment.

Abb. 11: Der Kölner Dom nach seiner Vollendung

Hätten die Dombau-Spezialisten des Mittelalters diese langfristige Einstellung nicht gehabt, so gäbe es den Kölner Dom nicht und auch kein einziges der anderen großen Zeichen der Vergangenheit. Und erreichen wir heute diese langfristige Einstellung nicht wieder, so werden unseren Kindern nicht nur die großen Zeichen ihrer eigenen Vergangenheit fehlen, sondern auch die Grundlagen für ihre eigene Existenz.

Wir müssen uns diesem Tatbestand stellen. Es kann nicht sein, dass wir so weiterleben wie bisher, das heißt passiv, satt, und glücklich allein durch gegenwärtigen Konsum mit einem Zeithorizont, der allenfalls bis zum nächsten Shopping reicht.

Diese Kurzfristigkeit unserer Lebensführung ist nicht gut, und sie wäre auch in Zukunft nicht gut, und zwar auch dann nicht, wenn weitere technologische Errungenschaften uns das Leben noch leichter machen.

Wenn nämlich Roboter tatsächlich unsere Zukunft bereichern werden, indem sie unliebsame Routinejobs übernehmen – und es sieht alles danach aus, als ob genau das geschehen wird, und zwar im Privaten wie auch in industriellen Prozessen –, so ergibt sich daraus zwar eine Chance auf ein garantiertes Einkommen für alle, und damit auf ein noch entspannteres Sich-zurücklehnen.

Die Frage wird dann aber erst recht die sein, welche Aufgabe wir dann für uns finden werden: Werden wir dann noch mehr dem Konsum frönen? Oder werden wir unsere neu erlangten Freiheiten und Möglichkeiten sinnvoll und umsichtig investieren, etwa in eine aufgeklärte, wissenschaftlich fundierte Bildung?

Nur dann, wenn wir die Langfristigkeit der Zeithorizonte

menschlichen Handelns im Sinne der Dombaumeister für uns wiederentdecken, werden wir uns den dringend erforderlichen weiterführenden präventiven Arbeiten widmen, die ein langfristiges Überleben unserer Spezies ermöglichen.

Mit anderen Worten, wir müssen jenseits der modernen Flachheit den Ernst und die Tiefe des Lebens und die Langfristigkeit unserer Horizonte wiederentdecken, um unseren Kindern eine Chance zu geben und tausenden Generationen, die ihnen noch glücklich nachfolgen könnten – oder eben nicht.

Keine Generation vor uns hat wohl klarer ebendiesen „Schalter" um die eigene Verantwortung vor Augen gehabt, für eine Chance ihrer Nachfahren zu sorgen oder diese für immer zu verspielen.

3.1 Die Sicherheit der langen Zeitmaßstäbe

Ein Ansatz einer sehr langfristigen Sicht der Menschheit auf das Leben scheint zur Erläuterung des „Phänomens der großen Zeithorizonte" verblüffend gut geeignet zu sein. Wir haben diesen Ansatz im einleitenden Teil schon kurz tangiert.

Abb. 12: Sonne und Erde

Dabei geht es um die einfache Frage, wie lange die Sonne auf unseren Heimatplaneten scheinen wird. Die Antwort klingt ja zunächst ganz beruhigend: noch über 5 Milliarden Jahre. Aber da man muss schon etwas genauer hinsehen:

Wenn nämlich die Menschheit sich nicht technisch dagegen schützt, wird bereits in weniger als einem Fünftel der genannten Zeit, genauer gesagt nach etwa 0,9 Milliarden Jahren, die mittlere Temperatur auf der Erdoberfläche den für höhere Lebewesen kritischen Wert von 30 °C überschreiten.

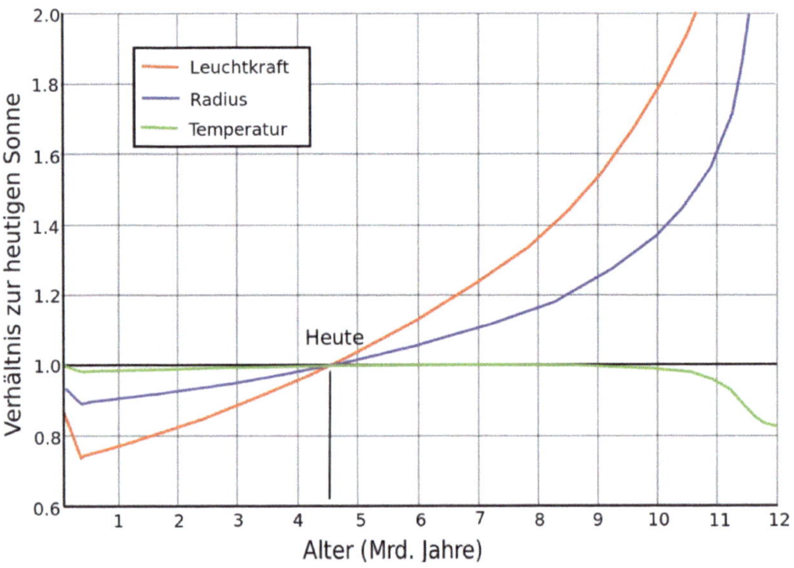

Abb. 13: Entwicklung der Sonne.

Die fortschreitende solare Kernfusion und die damit verbundenen Materie- und Energiehaushalte lassen nämlich den Radius und die Strahlungsleistung der Sonne permanent ansteigen, bis kurz vor ihrem Ausbrennen, dargestellt in der roten Kurve des vorhergehenden Bildes.

Die Temperatur der Sonne bleibt in etwa konstant (grüne Linie), aber ihr Radius nimmt zu und damit ihre Helligkeit und ihre tatsächliche abgestrahlte Strahlungsleistung.

0,9 Milliarden Jahre? Das klingt immer noch nach einer sehr langen Zeit. Aber nur so lange, bis man sich klarmacht, dass das Leben auf der Erde bereits vor etwa 3,5 Milliarden Jahren begann und dass es offenbar all die Zeit brauchte, um uns Menschen hervorzubringen.

Gemessen an diesem Maßstab und an der Tatsache, dass nur noch 0,9 Milliarden weitere Jahre bereitstehen, hat das höhere Leben auf der Erde also 80 Prozent seiner Zeit bereits hinter sich. Im ganzheitlichen Blickwinkel wirkt also die Zeit, bis unser Planet unbewohnbar wird, schon recht überschaubar. Und das ist wohl der Kunstgriff den es braucht: zu erkennen, dass wir als Spezies denken müssen, denn als Spezies sind wir Bestandteile eines kosmischen Zeitmaßstabs. Und wir werden als Spezies nur dann überleben, wenn wir lernen, in genau diesem kosmischen Maßstab zu denken, der uns selbst hervorbrachte.

Also noch einmal: 80 Prozent der Zeit des höheren irdischen Lebens ist bereits vorbei, denn in 0,9 Milliarden Jahren wird eine kritische thermische Grenze n überschritten.

Wer nun abwiegeln möchte und zu bedenken gibt, „man könne ja dann daheim die Klimaanlagen höherdrehen" dem sei gesagt, dass eine weitere Milliarde Jahre später auf der Erde bereits 100 Grad Celsius erreicht werden. Es kommt damit zwangsläufig der Punkt, an dem die Ozeane verdampfen und es die Atmosphäre davonbläst, lange bevor der Sonnenschein erlischt.

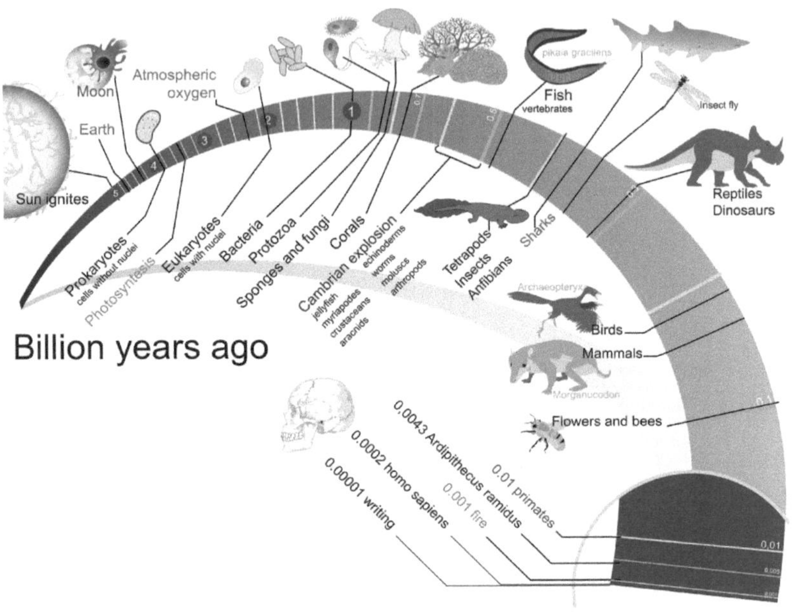

Abb. 14: Entwicklung des Lebens auf der Erde

Die Sonne wird in ihrer langfristigen Zukunft so gewaltige und langanhaltend immer weiter zunehmende Strahlung in Richtung Erde senden, dass ein Überleben keinesfalls mit dem Ausschöpfen der Brenndauer der Sonne gleichzusetzen ist, zumindest sofern die Erde in derselben Umlaufbahn bleibt. Deshalb dürfte mit etwas Fantasie die Menschheit jener Zukunft, sofern eine Menschheit dann überhaupt noch existiert, alles daransetzen, ebenjene Umlaufbahn der Erde zu verändern, um so die gut 5 Milliarden Jahre, die die Sonne noch brennt, vollends nutzen zu können. Der Gewinn der Lebenszeit auf der Erde wäre mit immerhin 3 bis 4 Milliarden Jahre ganz beachtlich, und es mag sein, dass diese Zeitspanne

80

auch dafür erforderlich ist, dass unsere Art eines Tages wirklich in großem Stil in den Weltraum aufbricht. Denn bei aller Begeisterung progressiver Menschen für die Eroberung des Kosmos wird ein unnötiges Vernachlässigen oder gar ein vorschnelles Aufgeben der Erde keine Option sein: Sie ist unserer Heimat, sie erscheint uns unendlich schön, und vermutlich können wir uns nicht vorstellen, wie viel Energie und Ideen künftige Generationen lange nach uns in ihre Erhaltung investieren werden, selbst dann, wenn sie den Mars längst besiedelt haben und erste Sternenkreuzer bereits neue Sonnensysteme ansteuern.

Wenn eine künftige Generation die Erde aufgeben würde, ohne alles für ihren Erhalt zu tun, dann hätte sie sich gegenüber uns nicht weiterentwickelt, und vermutlich würde das bedeuten, dass wir hier und heute in rein theoretischer Weise diskutieren. Denn falls die Menschheit nicht deutlich über das hinausstrebt, was sie heute ist, wird sie wohl kaum eine größere Zukunft vor sich haben. Sie wird dann Mühe haben, noch mal tausend Jahre zu leben, und von einer Million Jahre oder mehr wollen wir dann lieber gar nicht erst anfangen.

Bleiben wir jedoch positiv und gehen wir davon aus: Lange nach uns werden die Menschen sich ein gutes Stück weiterentwickelt haben, und sie werden auch den Wert der Erde erkannt haben und sie dementsprechend schonen, schützen und verteidigen. Und das auch dann, wenn die Strahlung der Sonne so steigt, dass sie zumindest bei unveränderter Erdumlaufbahn zur Gefahr wird.

Erstaunlicherweise ist die Sache der aktiven Bahnveränderung gar nicht einmal so abwegig. Denn da für ein solches

Manöver hunderte Millionen Jahre zur Verfügung stehen, könnte in der Tat eine Bahnverschiebung des Planeten genau dadurch machbar werden, dass sie sehr langsam erfolgt. Und damit ist die Sache bei weitem nicht so absurd, wie sie vielleicht auf den ersten Blick erscheinen mag.

Ganz im Gegenteil haben sich unter anderem Wissenschaftler der NASA darüber bereits präzise Gedanken gemacht, und zwar vor genau dem Hintergrund der langfristig stark zunehmenden Strahlungsleistung der Sonne.

So berichtete SPIEGEL Online bereits am 15. Juni 2001 unter dem Titel „Kometen sollen die Erde verschieben" von einem „Notfallplan", den ein Team um Gregory Laughlin vom Arnes Research Center der NASA entwickelt hat.

Die Menschheit könnte, so versprechen die Forscher, bis zu fünf Milliarden Jahre länger auf der Erde leben. Dazu müsste der Abstand zur Sonne innerhalb der nächsten 6,3 Milliarden Jahre kontinuierlich bis auf das Eineinhalbfache der heutigen Distanz vergrößert werden. Dann läge die Umlaufbahn dort, wo heute der Mars kreist. Fraglos müsste also die Marsbahn zugleich ebenfalls nach außen verschoben werden.

Wie aber lässt sich eine Verschiebung von Planeten erreichen? Die Lösung, die Laughlin und seine Kollegen vorschlagen, hört sich simpel an: Man bringt einen Kometen mittels genau berechneter Explosionen die an der Kometenoberfläche gezündet werden auf eine geeignete Bahn, sodass er immer wieder relativ nah und in genau berechneter Art und Weise an der Erde vorbeifliegt und sie dadurch in eine weiter außen liegende Umlaufbahn drängt.

Prinzipiell passende Kometen sind genügend vorhanden, etwa in der Oortschen Wolke oder im Kuipergürtel jenseits der Neptunbahn. Aber auch Planetoiden aus dem Asteroidengürtel ließen sich verwenden.

Im Detail offenbart der Plan besondere Herausforderungen: Ein Kuipergürtel-Objekt mit einem typischen Gewicht von 10 Billiarden Tonnen müsste zum Beispiel, wie die Wissenschaftler errechnet haben, etwa eine Million Mal die Erde passieren. Um den Planeten innerhalb des Zeitrahmens ausreichend zu verschieben, sollte der Kometenkern also möglichst alle sechstausend Jahre einmal vorbeifliegen.

Dieses Problem ließe sich den Astrophysikern zufolge durch eine stark elliptische Bahn lösen, die den Himmelskörper immer wieder am Jupiter vorbeiführt. Nachdem er Energie an die Erde abgegeben hat, könnte der Komet im Vorbeiflug am Gasriesen erneut Schwung holen. Über Jahrtausende würde er so Teile der Energie des größeren Planeten an die Erde übermitteln.

Die Methode hat aber auch unerwünschte Nebenwirkungen. So könnte ein wiederholt vorbeiziehender Komet die Gezeiten der Erde gravierend verändern und zu einer schnelleren Rotation des Planeten führen. Auch der Mond würde möglicherweise aus der Bahn geworfen. Er ließe sich aber durch einige gezielte andere Kometenbegegnungen im Orbit halten, vermuten die Forscher.

Ohnehin ist die von den Astrophysikern erdachte Rettungsaktion nichts für zaghafte Gemüter. Eine einzige Fehlkalkulation hätte verheerende Folgen: Der versehentliche

Aufprall eines für die Bahnkorrektur eingesetzten Himmelskörpers mit einem Durchmesser von einhundert Kilometern würde irdisches Leben, räumen die Wissenschaftler ein, mindestens bis zur Ebene der Bakterien auslöschen.

Allerdings ließe sich die Kometen-Methode auch in sicherer Distanz anwenden. So könne man die Technik im Prinzip nutzen, um andere Planeten oder Monde im Sonnensystem zu verschieben und sie so in die bewohnbare Zone zu holen.

Überaus interessant ist im aufgezeigten unausweichlichen und nicht zur Diskussion stehenden Kontext, dass bei der Betrachtung des langfristigen Schicksals der Erde die Menschheit wie zwangsläufig vor der Herausforderung steht, entweder den Weltraum zu erobern oder unterzugehen, und das selbst dann, wenn sie die Erde, solange es irgend geht, als den Mutterplaneten ihrer Spezies verteidigen möchte.

Ohne eine aktive Beeinflussung der Himmelskörper des eigenen Sonnensystems durch den Menschen – sprich, ohne eine ausgeklügelte und hochgradig leistungsfähige Weltraumtechnik – wird der Planet Erde als Heimat höheren Lebens nur die Hälfte seiner Lebensdauer erreichen und ganze 5 Milliarden Jahre seiner diesbezüglich denkbaren Existenz verlieren.

Gelingt eine planetare Bahnverschiebung, so würde, mit etwas Fantasie, eine Menschheit der fernen Zukunft zum Zeitpunkt des Endes der irdischen Sonne so viele andere Planeten nach dem Ebenbild der Erde kultiviert und bevölkert haben, dass ihr der Abschied dann nicht mehr schwerfällt und nur die Geschichtsbücher der Spezies noch auf unseren Ursprung hinweisen.

Nun haben wir ein erstes Bild der Zeitmaßstäbe gezeichnet, um die es gehen wird: Die langfristige menschliche Kultur spielt sich im Zeithorizont der Evolution ab, und das heißt, es geht um Milliarden von Jahren.

Wie sieht es nun aus? Ist für heute alles geritzt, weil wir neunhundert Millionen Jahre Zeit haben bis die 30 Grad Celsius erreicht werden? Und weil wir demnach vielleicht in vierhundertfünfzig Millionen Jahren erst mit der Bahnverschiebung anfangen müssen?

Schön wäre es ja, wenn es nicht ein paar andere Risiken gäbe, die diese vierhundertfünfzig Millionen Jahre in sehr feine kleine Portionen unterteilen, von denen uns schon jede einzelne das Licht wird ausblasen können.

Zu unseren Risiken zählen beispielsweise

- das schnelle Bevölkerungswachstum,
- irdische und kosmische Katastrophen,
- selbstgemachte Krisen und daraus resultierende globale Konflikte.

Das folgende Kapitel benennt diese und weitere Risikoszenarien und erörtert deren Besonderheiten sowie die zeitliche Einordnung.

3.2 Die Risikoszenarien der näheren und der weiteren Zukunft

Bakterien sind deutlich robuster als wir und werden wahrscheinlich auch bei 75 Grad in 1,5 Milliarden Jahren noch ihre Nischen finden. Das höhere Leben jedoch ist nun einmal deutlich empfindlicher. Ein Bild der Risikoszenarien unserer Spezies im Zeitablauf sieht in etwa wie folgt aus:

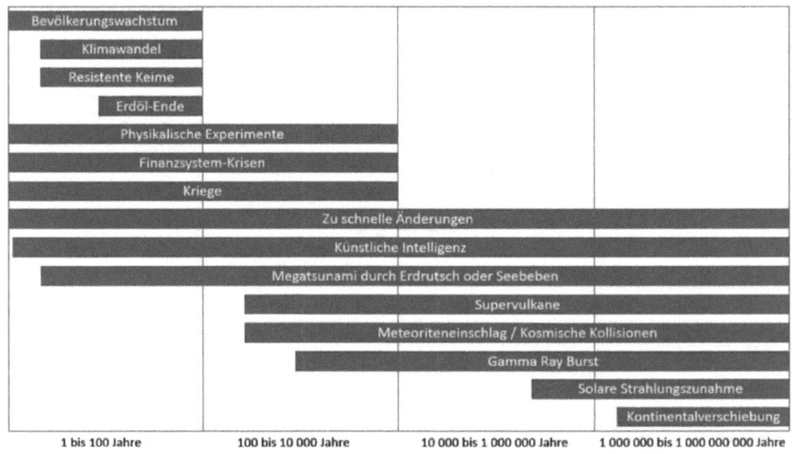

Abb. 15: Zeitaspekt der Krisenszenarien

Die Risiken der nahen und der weiteren Zukunft sind also wie folgt:

Das Bevölkerungswachstum

Die Menschheit wächst immer schneller, und aus den vielleicht 500 Millionen Menschen, die den Planeten zu Zeiten Leonardo da Vincis bevölkerten, sind unterdessen 7,4 Milliarden geworden. Die LINO rechnet für den Zeitraum 2015 bis 2020 mit einem Bevölkerungswachstum von rund 78 Millionen Menschen pro Jahr. Die Vereinten Nationen erwarten 2050 etwa 9,6 Milliarden Menschen auf dem Globus und prognostizieren zu Beginn des 22. Jahrhunderts eine Stabilisierung auf etwa neun Milliarden Menschen.

Noch anschaulicher werden die Zahlen, wenn man sie auf einen Tageshorizont bezieht. So wächst heute – Stand Mitte 2016 – die Weltbevölkerung bereits um etwa 220 000 Menschen pro Tag.

Das allein ist eine gewaltige Herausforderung; denn jedem Menschen sollte eine ausreichende Ernährung, eine medizinische Versorgung, eine gute Ausbildung und eine Chance auch auf ein privates Glück in einer friedlichen Umgebung sichergestellt sein.

Erhält er dies nicht, so eröffnet sich eine zumindest zweifache Bedrohung, einerseits intern, insofern als der neue Erdenbürger nicht das erhält, was er erhalten sollte, und zum anderen nach außen wirkend, weil sich in vielen der Enttäuschten Aggression formen mag und sich diese Menschen alsdann anschicken könnten, sich das zu erkämpfen, was ihnen entgeht.

Der Klimawandel und die Folgen der globalen Erwärmung

Dieses Thema ist er so komplex, dass eine kurze Abhandlung kaum genügen kann, und zweitens ist es besonders gut geeignet, den zuvor skizzierten „IWAN"-Zyklus vorzuführen, in dem viele Menschen heute gefangen sind. Genauer gesagt stecken sehr viele irgendwo zwischen dem I („Ignorieren") und dem W („Widersprechen") fest und wollen auf keinen Fall akzeptieren, dass ihre Generation, und damit sie selbst, einen Anteil am Problem haben. Aber sehen wir uns zunächst die reine Sachlage an.

Fast dreißigtausend Serien von Klimabeobachtungsdaten bisher aus insgesamt 75 Studien besagen je nach Studie mit einer Sicherheit von 89 bis 100 Prozent, dass sich unsere Welt, durch den Energie-Umsatz der menschlichen Zivilisation bedingt, um bis zu 6 Grad Celsius erwärmt wird.

Darüber hinaus gibt es besonders starke Beweise für die tatsächliche Existenz des Klimawandels. So konnte etwa für fast dreihundert bedrohte Spezies ein sogenannter „diagnostischer Fingerabdruck" ermittelt werden, der andere Einflussgrößen als den globalen Klimawandel nahezu vollständig ausschließt.

Die Folgen des Klimawandels sind beispielsweise:

1. Steigende Meeresspiegel durch Wassererwärmung und Schmelzwasserzufluss.

2. Abschmelzung von Gletschern, aus der sich Veränderun-

gen des Wasserhaushaltes von Fluss-Systemen ganzer Kontinente oder Subkontinente ergeben.

3. Dramatische Verschiebung von Klima- und Vegetationszonen und damit von Landwirtschaftsregionen und von Lebensräumen unterschiedlicher Arten. Bis zum Jahr 2100 drohen bis zu 39 Prozent der globalen Landflächen in völlig neuartige Klimate verschoben zu werden. Dies unter anderem durch erhebliche Veränderungen und Verschiebungen der globalen Niederschläge. Dabei sind die stärksten Veränderungen in den Tropen und Subtropen zu erwarten, gefolgt von den Polargebieten und den Gebirgen.

4. Aussterben von Spezies, die sich geografisch nicht schnell genug den sich verschiebenden Klimazonen anpassen können. Besonders kritisch wird es für Arten, die bereits seit langem in Polargebieten oder im Hochgebirge leben und somit keine weiteren Ausweichmöglichkeiten haben. Eine Studie, die über 1100 Pflanzen- und Tierarten untersuchte, ergab, dass bei einer Erwärmung von 2 Grad Celsius und mehr etwa 35 Prozent der Arten aussterben würden, mit verheerenden Folgen für die biologisch wichtige Artenvielfalt der Erde. Der Klimawandel wird so auch bisherige Ziele vieler Naturschutzgebiete zunichtemachen.

5. Veränderte Ausbreitung von Parasiten und tropischen Krankheiten.

6. Verändertes Auftreten von Wetterphänomenen wie Starkregen oder Orkanen.

7. Zunahme von extremen Temperaturschwankungen in Form ausgeprägter Kälte- oder Hitzewellen.

8. Intensivierung von Waldbränden.

9. Enorme Belastungen für Milliarden Menschen hinsichtlich der Wasserversorgung. Darüber hinaus drohen ab 2 Grad Celsius Temperaturanstieg sogar komplett kollabierende Ökosysteme, deutlich verstärkt auftretende Hungerkrisen sowie weitere sozioökonomische Schäden, besonders in Entwicklungsländern.

10. Verändertes Auftreten der Jahreszeiten. Der Frühling wird regional bereits fast zwei Wochen früher beginnen, der Winter beginnt später. Eine Folge sind für die Fauna Verschiebungen fast aller gewohnten Rhythmen und damit verbunden gravierende Veränderungen der Lebensbedingungen.

11. Versauerung der Ozeane. Betroffen sind hiervon vor allem Korallen und Kleinstlebewesen wie Meeresschnecken und Zooplankton, die am Anfang der Nahrungskette stehen. Dieser Effekt ist dramatisch, und er ist selbst dann nicht rückgängig zu machen, wenn man die CO_2-Anteile der Atmosphäre wieder senken könnte. Vermehrte starke Algenblüten besonders auch bei giftigen Algenarten. Diese stellen eine nicht zu unterschätzende toxische Bedrohung für Mensch und Umwelt dar.

12. Verschlechterungen der Bedingungen für Aquakulturen.

13. Die Erwärmung der Meere hat für ihre Bewohner wie Fische und Meeressäuger ähnliche Konsequenzen wie für die Landlebewesen: Auch sie wandern polwärts.

14. Heftigere Sturmfluten und zunehmende Küstenerosionen mit Schäden an Hafenanlagen und Gebäuden.

15. Ins Grundwasser eindringendes Salzwasser.

16. Auswirkungen auf die Meeresströmungen. Der Golfstrom könnte infolge der Süßwasser-Einbringung im Nordmeer durch abschmelzendes Eis zum Erliegen kommen. Die dadurch bedingte lokale Abkühlung Mitteleuropas wäre verheerend.

17. Freisetzung gewaltiger Methangasvorkommen an Land und in den Kontinentalschelfen der Meere. Das Treibhauspotenzial von 1 kg Methan ist, auf einen Zeitraum von 100 Jahren betrachtet, bis zu 33-mal höher als das von 1 kg Kohlenstoffdioxid.

18. Begünstigung von neuen politischen, wirtschaftlichen und gesellschaftlichen Krisen im globalen Maßstab. Seit 2007 mehren sich die Stimmen, die den Klimawandel allein dadurch bereits als eine Gefahr für den Weltfrieden bezeichnen. Anzeichen für politische Folgen des Klimawandels hat der Geograph Jared Diamond 2006 schon im Hinblick auf den Völkermord in Ruanda 1994 gesehen. In dem Ressourcenkonflikt um knappes Land habe der Klimawandel als Wirkungsfaktor bereits eine Rolle gespielt. In Weltregionen, wo

der Klimawandel die Lebensbedingungen nachhaltig beeinträchtigt oder unerträglich macht, dürfte sich in Gestalt von Umweltflüchtlingen eine zunehmende Wanderung ergeben. Migrationen in bisher unbekanntem Ausmaß könnten die Folge sein.

Der Klimawandel wird auch Energienetze beeinflussen, etwa weil Länder, die bisher ohne Air Conditioning auskamen, Klimaanlagen in allen Haushalten brauchen werden, um nur ein Beispiel zu nennen. Die Energiewende in Deutschland, die mit immensen Problemen und Kosten durch große erforderliche Veränderung der Energienetzwerke verbunden ist, zeigt heute schon beispielhaft auf, welche enormen Infrastrukturkosten der Klimawandel verursachen wird.

Der Klimawandel zieht wie alle zeitkritischen Probleme Aufmerksamkeit von wichtigen anderen Punkten ab. Ein Land hat immer nur bestimmte Ressourcen zur Verfügung, um intellektuelle Höchstleistungen zu erbringen. Werden von dieser begrenzten Ressource Kapazitäten abgezweigt, etwa zur Bewältigung der Klimaveränderungen, so stehen diese für die Erbringung anderer Leistungen, etwa für das Erschaffen weiterer technologischer Innovationen zur ökonomischen Stärkung oder auch nur zur Aufrechterhaltung des jeweiligen Status quo nicht mehr zur Verfügung. Diesem Punkt wird selten Beachtung geschenkt, er mag jedoch im ökonomischen Kontext einer der gravierendsten sein.

Konkretisieren wir es an einem Beispiel: Während Deutschland sich in Problemen der Massenmigration, in

Rechtschreibreformen, in Kita-Platz-Debatten und in Diskussionen der Erderwärmung ergeht, entwickelt Intel in den USA die 3D-Crosspoint-Technologie und erzeugt damit Computerspeicher, die tausendfach schneller sind als die bisher schnellsten SSD-Festplatten und die zudem mehr Kapazität erlauben, billiger sind und die Daten wesentlich langfristiger und sicherer speichern. In den deutschen Medien war von dieser Revolution vor lauter Diskussionen um aktuelle Themen kaum etwas zu hören. Ganz abgesehen von der hierzulande längst ausgestorbenen Hoffnung, dass man derartige Innovationen noch selbst hervorbringen könnte.

Da dieses Buch uns auch gerade ermuntern möchte, die Philosophie erneut stärker in unser Denken und Handeln einzubeziehen, sei im gegebenen Kontext auf einen weiteren Punkt verwiesen: Der Klimawandel bringt tendenziell eine Generation von verunsicherten Kindern hervor, die eine Elterngeneration erleben, welche womöglich für diesen Wandel verantwortlich ist, indem sie in nur wenigen Dekaden das Öl abbrannte, das die gesamte Erde in mehr als einhundert Millionen Jahren mühsam „ansparte", und die sich dann noch in Streitereien begibt, ob man überhaupt schuld sei daran und was es denn sowieso ausmache, denn es betreffe ja einen selbst nicht mehr (sondern, ohne dass man dies ausspricht, nur die Kinder …). Auch dieser Punkt wird fast nirgends betrachtet. Dabei könnte er in seinen langfristigen Auswirkungen nochmals gravierender sein als der Punkt der abgezogenen Ressourcen.

Der Beitrag über den Klimawandel wurde hier etwas breiter angelegt, um die immens hohe Komplexität globaler Gefahrenszenarien zu beleuchten. Dazu ist dieses Thema besonders geeignet, und wenn jemand in Zukunft mit Ihnen über das Thema sprechen möchte, dann könnten Sie sagen:

„Welches der etwa zwanzig Grundsatzprobleme meinen Sie, wenn Sie vom Klimawandel sprechen? Vielleicht die massive Veränderung der pH-Werte der Ozeane, die auf zehntausende von Jahren nicht rückgängig zu machen sein wird? Oder haben Sie einen der anderen Problemsektoren im Sinn?"

Das hat etwas von der herrlichen Szene in der neueren Star-Wars-Verfilmung *Into the Darkness*, in der Spock Admiral Pike Rede und Antwort stehen muss und Pike ihn attackiert mit den Worten „Das ist nur Ihr Standpunkt in der Sache, Spock", und der antwortet: „Ich stehe für mehrere Standpunkte gleichzeitig, auf welchen davon beziehen Sie sich?"

Aber bleiben wir ernst und sehen wir uns einige weitere Bedrohungsszenarien an:

Resistente Keime

Multiresistente Keime kommen in Krankenhäusern und in der Massentierhaltung vor, besonders unter Schweinen und Hühnern.

Lange Zeit schien es, als habe die Menschheit ein Wundermittel gegen bakterielle Entzündungen gefunden: Antibiotika. Mit ihrer Hilfe überlebten Menschen Blutvergiftungen oder Lungenentzündungen. Doch die Mittel verlieren an Kraft. Immer mehr Keime werden unempfindlicher und letztlich sogar vollkommen resistent. Von den 400 000 Menschen, die sich jedes Jahr mit Krankenhauskeimen infizieren, sterben nach offiziellen Zahlen bereits bis zu 15 000. Neue Recherchen zeigen: Es sind unter Umständen viel mehr.

Das Ende des Erdöls

Mit der Ausrichtung weiter Teile der Weltwirtschaft und des allgemeinen Lebens auf fossile Energieträger ist die Menschheit in eine Energiefalle geraten, aus der sie sich nur mit mühsamen Anstrengungen und fester Entschlusskraft befreien kann. Sie ist süchtig nach der schwarzen Droge Öl und wie besessen davon, quasi ihre eigene Lebensgrundlage zu verbrennen. Die Menschheit leidet unter Pyromanie.

Das „fossile System" bedeutet die Zerstörung wesentlicher Lebensgrundlagen der Menschheit, es bedeutet Ungerechtigkeit, Krankheit, Armut und Krieg. Wir plündern die Natur und ignorieren, dass ihre Schätze begrenzt sind und dass die Natur zurückschlagen wird.[10]

Physikalische Experimente

Der Punkt mag viele überraschen. Und doch waren, als die erste Atombombe der Welt gezündet wurde, auch die besten Physiker nicht sicher, ob das letztlich gutgehen würde und ob nicht zum Beispiel eine Kettenreaktion in der Atmosphäre diese komplett verbrennen könnte.

---

[10] Siehe http://www.energieverbraucher.de/de/energiefalle2425/ (15.11.2016).

Das Experiment wurde dennoch gewagt, und nach dem Motto „Glück gehabt" ging es noch einmal ohne Weltuntergang ab. Seither zündeln Physiker, meist unter Tage und fernab sowohl des Tageslichts wie auch der Realität, an immer neuen riskanten Experimenten.

Dabei vergessen sie Albert Einsteins fundamentale Weisheit, die er in seine meist irgendwie witzigen aber doch immer auch sehr ernst gemeinten Grundaussagen legte, etwa in die folgende: „Insofern sich die Sätze der Mathematik auf die Wirklichkeit beziehen, sind sie nicht sicher, und insofern sie sicher sind, beziehen sie sich nicht auf die Wirklichkeit."

In anderen Worten wusste Albert Einstein nur zu gut, dass nichts in den Naturwissenschaften, das sich auf die Wirklichkeit bezieht, mit hundertprozentiger Sicherheit klar sein kann. Wer dieses Fundamentalprinzip als Wissenschaftler nicht anerkennt ist selbst ein hochgefährlicher Risikofaktor, sobald man ihm hochbrisante Experimente wie einen Teilchenbeschleuniger in die Hand gibt. Würde er anerkennen, dass alle seine Sicherheitsannahmen nicht bei 100 Prozent liegen, sondern etwa nur bei 99,999999 Prozent, dann dürfte er seine Experimente nicht durchführen, denn das verbleibende 0,000001-Prozent-Risiko bedeutet ja nicht „dass er sich einen Schnupfen holt", sondern dass er unseren Planeten auslöscht. Er dürfte seine Experimente selbst dann nicht ausführen, wenn daraus sogar 99,999999999 Prozent würden: Es spielen Heerscharen von Menschen um einen Lotto-Jackpot bei einer Chance von 1 zu 100 Millionen und kleiner. Und einer gewinnt ihn.

Nach Albert Einsteins ebenso spaßigem wie fundiertem

Sicherheitspostulat ist es jedoch erheblich wahrscheinlicher als nur 1 zu 100 Millionen, dass der Menschheit bei einem der Experimente ihrer entfesselten Physiker nach dem Motto „Es ist ja beim letzten Mal auch nichts passiert" ihr gesamter Planet um die Ohren fliegt.

Das wäre dann der finale Jackpot, und es ist erschütternd zu sehen, wie sehr hier eine „große Gemeinschaft", in dem Falle die der allzu experimentierfreudigen Physiker, nur deshalb meint auf dem richtigen Weg zu sein, weil sie a) über große Budgets verfügt, ironischerweise aus den Geldbörsen derer, die im Gegenzug durch dieselben Physiker in Gefahr gebracht werden, und weil diese Gruppe b) kraft ihrer Mehrheit in den Experimentierkellern, zu denen Nichtphysiker ja gar keinen Zugang haben, längst jeden aus dem Team eliminiert hat, der in der einen oder anderen Form „Holzweg" rief.

Finanzsystemkrisen

Seit es Finanzsysteme gibt, neigen diese zu Instabilitäten und Blasenbildungen. Und doch lernten seit der legendären „Tulpenmanie" im Holland des 17. Jahrhunderts, als im Rahmen einer Spekulationshysterie für einzelne Tulpenzwiebeln mehrere tausend Gulden bezahlt wurden, die ökonomischen Systeme bis heute nicht dazu und bewegen immer nur noch mehr Geld.

In der jüngsten Finanzkrise seit dem Jahr 2008 wurde als vermeintlicher Ausweg ersonnen, Geld in solchen Mengen zu drucken, dass die Schweizer Firmen, die Gelddruckfarben herstellen, seit dem Jahr 2008 vermutlich Wachstumsraten haben, von denen selbst Google und Facebook nur träumen können.

Dass die Symptome eines Toten mit großen Mengen frischen Erdreichs abgedeckt werden können, am besten in einem tiefen Loch, sodass keiner etwas davon sieht, das ist schon klar. Dass dieselbe frische Erde aber einen Kranken lebendig zu begraben droht und dass der Kranke sich dagegen mit aller Energie wehren wird, das dürfte auch klar sein, ebenso klar wie die Tatsache, dass in Wahrheit gar kein einziges Problem durch Zuschütten der Symptome gelöst wird.

Der Vergleich ist nicht so weit hergeholt, denn der Kranke namens Finanzmarkt wird seit 2008 zugeschüttet, ohne auch nur eine einzige der echten Ursachen wirklich abzustellen.

Ein gravierendes weiteres Problem der Finanzmarktkrisen ist, ähnlich wie bei der Klimaveränderung zuvor, ihr anhaltendes Verdrängungspotenzial. Alle Welt redet von den Finanzen, und das jahrelang, während den echten und weitaus gravierenderen Problemen, etwa in Form der übergeordneten Risikoszenarien dieses Kapitels, bei weitem zu wenig Aufmerksamkeit zuteilwird. Es ist übrigens das, was wir heute im Finanzmarkt an immer weiter zunehmenden Instabilitäten sehen, ebenfalls durch niemand Geringeren als durch Albert Einstein vorhergesagt worden. Er äußerte klar, dass eine Welt, deren höchste Werte im Monetären liegen, fundamental an sich selbst scheitern wird.

Wer an die möglichen katastrophalen Folgen von Finanzsystemkrisen nicht glauben mag, dem sei der Artikel empfohlen „Der kommende Crack-up-Boom wird die Weltwirtschaftskrise wie ein Picknick im Park aussehen lassen".[11] Der Autor, Jay Zawatsky[12], ist Professor im Wirtschaftsinstitut des Montgomery College in Rockville, Maryland, USA, und CEO eines amerikanischen Unternehmens im Energieversorgerbereich, und es steht zu befürchten, dass er sich verdammt gut auskennt. In seinem Artikel trägt er wie folgt vor:

Der Begriff des Crack-up-Booms (zu deutsch Katastrophen-Hausse) geht auf einen der bekanntesten Wegbereiter der sogenannten österreichischen Schule der Nationalökonomie, den Wirtschaftswissenschaftler Ludwig von Mises, zurück. Es wird damit ein Boom des Aktienmarkts beschrieben, der sich allein aus der Angst vor Wertverlusten speist. Obwohl die Aussichten der Aktienunternehmen überaus schlecht sind, steigen deren Aktienkurse nominal und inflationsbereinigt auch real stark an.

Die einzige Ursache: Gerät eine Inflation außer Kontrolle und lässt sich nicht mehr eindämmen, so verlieren die Wirtschaftsteilnehmer jedes Vertrauen in Papierwährungen und versuchen in der Folge dessen, in Sachwerte zu investieren. Wenn dann die Inflation höher wird als das Zinsniveau, erhalten Investoren einen Realzins, der negativ wird. Vor allem die großen institutionellen Investoren beginnen dann damit, ihre Anleihen-Bestände zu verkaufen und die Erlöse in Aktien zu re-investieren. So kommt sehr viel Geld auf ein stets

---

[11] http://nationalinterest.org/feature/the-coming-crack-boom-16911 (15.11.2016).

[12] Im deutschen Artikel fälschlicherweise Kawatsky genannt.

limitiertes Aktienangebot, weshalb die Kurse überproportional steigen, und das auch dann, wenn die realen Wirtschaftsaussichten fundamental schlecht sind.

Die Katastrophen-Hausse steht immer für die finale Phase eines Papiergeldsystems, und am unausweichlichen Ende des Hypes ist der bankrotte Staat zu keiner anderen Maßnahme mehr fähig als zu einer Währungsreform.

Die Frage, warum es dabei schlimmer wird als je zuvor, beantwortet Zawatsky in seinem Artikel, indem er auf die heute im globalen System vorhandenen weit vernetzten Lieferketten hinweist, die erheblich länger und weit stärker miteinander verknüpft sind als in früheren großen Rezessionen.

Diese Ketten werden in der neuen Krise wegen Firmenzusammenbrüchen und Pleiten von Unternehmen aus dem Liefernetzwerk in einem Ausmaß zerreißen, dass auch die Güter des täglichen Bedarfs die Menschen nicht mehr erreichen werden. Das Problem wird weiterhin verstärkt durch die Tatsache, dass im Gegensatz zu früheren gravierenden Krisen heute etliche Milliarden Menschen mehr ernährt werden müssen, während zugleich die Anzahl der Menschen viel kleiner ist, die tatsächlich noch Güter für den täglichen Bedarf produzieren.

Geld drucken können Notenbanken, Lebensmittel, Rohstoffe oder Energie drucken können sie aber nicht. Und wenn Rohstoffe immer knapper und für alle Normalverdiener unerschwinglich werden, wird es zu Unruhen, Kriegen, Krankheiten, Rebellionen und zum Erstarken diktatorischer Regierungen kommen.

All dies wird zu großem menschlichen Leid führen, als direkte Folge einer verfehlten Finanzpolitik mit Nullzinsen und zügellosem Gelddrucken, ohne die wahren Probleme der Krisen anzugehen.

Religionen, Intoleranz, Kriege und Gewalt

Im später noch folgenden „Blick über den Tellerrand" in Kapitel 7 werden wir auf die Begriffe „Gott" und „Religion" genauer eingehen. Hier nur so viel: In der Vergangenheit haben Religionen einzelnen Völkern einen evolutionären Vorteil verschafft, indem sie den Gruppenzusammenhalt stärkten, womit sie die Gruppe gleichzeitig gegen andere abgrenzten. In der heutigen globalen Welt sind Religionen eher Risiko als Absicherung; denn weiterhin werden im Namen von Religionen Kriege geführt, deren Kern die Intoleranz ist. Im Namen von Religionen Frieden zu stiften ist dagegen eher unüblich. In diesem Sektor wird meist nur geredet. Und wie viel das bringt, ist fraglich.

Der Grund ist immer derselbe: die fehlende Bildung im Sinne der Aufklärung. Wobei Religionen in etwa das Gegenteil der Aufklärung sind und sich jeder, der sich als religiös bezeichnet, daher als tendenziell nicht aufgeklärt einstuft, und zwar so lange, bis es einst eine aufgeklärte Religion geben mag, was aber bis heute nicht der Fall ist.

Es ist die reine Logik, die hier nur einen einzigen Vektor aufzeigt, gemäß dessen Religionen, ganz gleich wie viel jemand darüber zu wissen glaubt, nicht als Bestandteil irgendeiner Bildung angesehen werden können. Ein Aspekt, der religiöse Menschen nicht verschrecken, sondern ihnen allein hilfreich klarmachen sollte, dass Bildung auf einer anderen Ebene stattfindet als Religion, nämlich auf der Ebene des Wissens und nicht des Glaubens. „Ich glaube, dass ich weiß …“ ist der Einstieg in eine wissenschaftliche Überlegung. „Ich weiß, dass ich glaube … “ ist nichts als der blanke logische Unsinn.

Noch mal: nichts gegen Religionen. Nur muss man wissen, dass man zwei Welten in sich tragen kann, eine des Wissens und eine des Glaubens, und sie auf keinen Fall vermischen darf, so wie man kein Wasser in brennendes Öl mischen darf.

Katastrophen sind immer dann vorprogrammiert, wenn einerseits Menschen diese Trennung nicht beachten und den Sinn der Religionen, Halt zu geben und Trost zu spenden, von den Bedeutungen echten Wissens wie denen, einen Acker zu bestellen oder ein Haus bauen zu können, nicht unterscheiden können oder wollen und wenn andererseits ihre Religion, die sie im Land ihrer Geburt zufällig antrafen und annahmen, bedauerlicherweise intolerant ist.

Erneut ist dies ohne jede Häme gemeint: Es will nur klarmachen, dass Religionen eben nicht Wissen sind und nicht Wissenschaft. Sie sind Glaube, und glauben kann man alles, auch an den Sonnengott, wie es die alten Ägypter taten, oder an die Existenz des fliegenden Spaghettimonsters.

Mit Dummheit hat das alles nicht zwangsläufig zu tun, denn die These, glauben heißt nicht wissen und nicht wissen heißt dumm sein, greift erheblich zu kurz: Glaube hat sehr viel mit Trost, mit Fantasie und mit Hoffnung zu tun, und keiner der drei Aspekte ist dumm. Alle drei sind vielmehr elementare Bestandteile des Lebens. Zur Wissenschaft macht sie das dennoch nicht.

Was bleibt, ist das Risiko, dass letztgenannter Aspekt weiterhin vergessen wird, und dass Menschen weiter ihren Religionslehrern zuhören, als könnten diese Wissen vermitteln, und dass sie dann, weil die Religionslehrer glauben, dass dies richtig sei, auf andere Menschen losgehen und Glaubenskriege anzetteln.

Beide haben etwas Absurdes: die Religionslehrer nach dem Motto: „Ich lehre dich, was ich glaube und daher per se nicht weiß, und was vor mir tausende andere glaubten und auch nicht wussten", und die Glaubenskrieger nach dem Motto: „Ich weiß nicht, was ich tue, aber ich glaube, es ist richtig, dich umzubringen."

Um sich klarzumachen, dass er gerade von seiner Religion spricht, sollte jeder Mensch, der eine religiöse Aussage tätigt, hinter jeden Satz, den er in dem Kontext sagt, ein „Ich glaube" anfügen: „Ich glaube, Gott ist groß." Und um sich weiterhin klarzumachen, dass er deshalb glaubt, weil er nicht weiß, muss man dies im Grunde noch ergänzen um: „… aber ich weiß es nicht": „Ich glaube, es gibt einen Gott, und ich glaube, dieser Gott ist groß, aber ich weiß es nicht" ist die ehrlichste aller religiösen Aussagen.

Und doch leben wir, um auf die Risikoszenarien zurückzukommen, in einer Epoche erneuter Religionskriege, angezettelt von Gläubigen, das heißt, per Definition, Nichtwissenden, die aufgrund eines Mangels an aufgeklärter Bildung jedem den Schädel einschlagen, von dem sie glauben, dass sie ihm den Schädel einschlagen müssten. Es hat das alles in tragikomischer Art und Weise unheimlich viel von Monty Python und seinen „Rittern der Kokosnuss": „Ich schlage dir den Arm ab." – „Tust du nicht, tust du nicht, schau wie ich hopse." – „Ich schlage dir auch das Bein ab." – „Tust du nicht, tust du nicht, schau, ich hops ja immer noch."

Religionen sind mit der Vernunft nicht zu begreifen, wie es bereits die Philosophen im Mittelalter sagten: *Credo quia absurdum est*, in dem Sinne: „Wenn ich es verstandesmäßig erklären könnte, bräuchte ich es nicht zu glauben." Es schadet dem aufgeklärt gebildeten Umgang mit ihnen nicht, das zu erkennen und es zuzugestehen. Es schadet gerade dann nicht, wenn man, vielleicht jedoch eher nach Art aufgeklärter Menschen wie Spinoza oder Albert Einstein, an einen Gott glaubt und diesen eben nicht in der Ecke des Absurden stehen lassen möchte.

Das Erkennen einer Religion erfolgt also erst durch das Anerkennen des Absurden in jedem religiösen Konstrukt. Gott hat wohl wirklich, wie manche es längst vermuten, verdammt viel Humor, und was für einen schrägen!

Künstliche Intelligenz

Nachdem wir bereits in Kapitel 2 in Gegenüberstellung zu unseren eigenen Reptilien- oder Krokodilgehirnen das Thema der sogenannten künstlichen Intelligenz kurz aufgegriffen haben, wollen wir hier auf diesen Trend im Zuge der Benennung der vorausliegenden Risiken noch einmal etwas genauer eingehen.

Es ist, zumal für einen Wissenschaftler, nicht nachvollziehbar, warum man ein Gehirn letztlich nicht nachbauen können sollte: Es ist allein eine Frage der zwei Säulen der Funktionsnachbildung und der Rechenleistung; denn das Gehirn hat in seiner Funktionsweise viele Eigenschaften mit einem Computer gemeinsam. Es ist indessen ein biologischer Computer, der im Kern nicht einmal auf Bits und Bytes basiert, sondern vielfach auf einer weitaus komplexeren Logik, die bis in die Interaktion chemischer mit analog-elektrischen Mechanismen hineinspielt. Diese biologische Charakteristik unseres „Gehirncomputers" dürfte mit einiger Wahrscheinlichkeit bedeuten, dass ein Gehirn nachzubauen bei weitem komplizierter ist, als man es sich bis heute vorstellen mag, und dass es demzufolge noch Jahrzehnte, wenn nicht Jahrhunderte dauern wird, bis man so weit wäre. Ob man es dann noch täte, mag davon abhängen, wie weit sich bis dahin die menschliche Gesellschaft selbst, auch in ethischer und philosophischer Sicht, entwickelt hat. Vielleicht wird ja auch eine Menschheit, die die Komplexität und die Natur ihrer eigenen Denkmaschine endlich verstanden hat, genau daraus lernen, dass man sie nicht nachbauen sollte

Einstweilen sind wir aber noch nicht so weit und können uns stattdessen darauf einstellen, dass ein Gehirn nachzubauen noch sehr weit in der Zukunft liegt. Warum aber ist das so? Nun, weil biologische Systeme der heutigen Technik im Allgemeinen noch um Milliarden Jahre der Evolution voraus sind.

Um dies anschaulich zu machen könnte man sagen: „Gib einmal dem besten Ingenieur-Team der Welt beides: das größte Entwicklerbudget, das es je gab, und die Aufgabe dazu, eine Mücke zu bauen. Eine die nachts rumfliegt und sieht, wohin sie will, die dann etwas Blut saugt und die sich später selbst reproduziert indem sie am Teich ihre Eier ablegt, aus denen Larven schlüpfen und so weiter und so weiter."

Es ist klar, dass unser Ingenieur-Team schon beim Bau des ersten sich aus der Larve erschaffenden und sich so selbst reproduzierenden Mückenbeins grandios scheitern wird, und dass auch kein Budget der Welt ausreichen wird, das Scheitern zu verhindern. Vom Mückengehirn ganz zu schweigen, womit wir wieder beim Thema wären.

Geben wir ein anschauliches weiteres Beispiel vor und sagen, es sei die Aufgabe des Ingenieur-Teams, einen künstlichen Fisch zu bauen, der ein Gewässer auf Verschmutzungen kontrolliert. Es gibt solche Überlegungen, und sie brachten an Hochschulen auch erste künstliche Fische hervor. Den Wissenschaftlern und Technikern, die diese künstlichen Fische bauten, wurde dabei sehr schmerzhaft bewusst, wie weit uns die Natur voraus ist: Während ein echter Fisch zum Beispiel eine Muskulatur aufweist, die fast ideal aktiv und zugleich hocheffizient elastisch ist und die dem Fisch eine absolut harmonische und in der 3D-Geometrie des gesamten Fischkörpers jederzeit perfekt auf die jeweilige Schwimmaufgabe abgestimmte Schwimmbewegung erlaubt, dies auch noch moduliert je nach Geschwindigkeitsprofil, ist der technische Fisch demgegenüber eine Dampfmaschine: Viel mehr, als ein oszillierendes Pleuel mit einem Gummi zu überziehen kann auch der beste Techniker bis heute nicht leisten, und

wenn er es versucht, etwa mit segmentierten Bewegungskör-
pern, dann fängt er sich so viele andere Nachteile ein wie etwa
Leistungsverluste durch nicht ideale Elastizitäten, dass dann
schon noch der einfache Entwurf des zappelnden Gum-
mipendels der bessere ist.

Die Biologie, und erst recht dessen komplexeste Struktur,
das Gehirn, ist unseren Technologien auch heute noch weiter
voraus, als die meisten es ahnen. Um das direkt am Fallbei-
spiel eines intelligenten denkenden Systems klarzumachen,
so ist es bis heute nicht einmal gelungen, auch nur ein einzel-
nes Neuron nachzubilden. Es scheitert dabei nicht nur daran,
dass man etwa dessen hochkomplexe Proteinchemie nicht
nachbilden kann. Nein, es ist noch viel schlimmer, denn man
weiß bis heute nicht einmal genau, wie ein Neuron letztlich
funktioniert und wie es in seiner zellulären Gesamtstruktur
arbeitet, von seiner neuronalen Vernetzung zu seinen anderen es räumlich umgebenden Nachbarsystemen ganz zu
schweigen.

Zu meinen, dass man diese Hindernisse einfach mit schie-
rer Rechenleistung immer kleinerer und damit immer höher
integrierter Computerstrukturen überwinden könnte, ist so
irrig wie die Annahme, eine ferne Welt ließe sich erreichen,
wenn man nur eine hinreichend komplexe Rakete baut. Nein,
es reicht vermutlich überhaupt nicht, denn es könnte sehr gut
sein, dass a) der Rakete schlicht die erforderliche Reichweite
fehlt und dass man b) nicht einmal im Ansatz weiß, in welche
Richtung man überhaupt fliegen sollte.

Und dennoch wäre eine Aussage, dass es letztlich unmöglich sein könnte, ein Gehirn nachzubauen, ebenso wenig haltbar. Langfristig werden sich hier Dinge entwickeln, und langfristig werden künstliche Gehirne entstehen können, deren Folgen aber, wie gesagt, so wenig absehbar sein könnten, dass eine höher entwickelte Gattung Mensch womöglich lieber darauf verzichtet.

Was das heute bereits vorhandene Risiko der manchmal vielleicht etwas zu voreilig als „Künstliche Intelligenz" bezeichneten modernen Rechner- und Internetsysteme ausmacht, ist dagegen im kurz- und mittelfristigen Kontext vermutlich etwas ganz Anderes. Es ist die ganz enorme Informations- und Datenmenge über jeden Einzelnen von uns und deren permanente Speicherung, und es ist demgegenüber das Bereitstehen dieser Daten für nur einen winzigen elitären Teil der Bevölkerung.

Frage: Wer ist der Herr über die gesamten Milliarden Facebook-Datenprofile? Antwort: Mark Zuckerberg. Gegenfrage: An wie viele Datenprofile kommen alle anderen? Antwort: An je nur ein einziges, nämlich ihr eigenes, und das wohl nicht einmal vollständig.

Dass also eine einzige Person milliardenfach mehr Macht über einen so gewaltigen und täglich noch wachsenden Datenbestand hat, als die eine Milliarde anderer Personen, die diesen Bestand generierten, ist ein Beispiel für ein Macht-Ungleichgewicht, das krasser kaum sein kann und das man sich ohne gewaltige Risiken nur dann vorstellen kann, wenn man entweder sehr naiv oder aber über grundsätzliche Risikoszenarien desinformiert ist.

Das abwiegelnde Argument, dass niemand diese Datenberge sinnvoll auswerten könne, zielt nämlich diametral ins Leere: Wenn sie auch bis dato kein einziges Neuron naturgetreu nachzubilden in der Lage sind, so können die aktuellen Rechnersysteme doch eines bereits heute extrem gut und vor allem extrem schnell: Daten filtern und auswerten. Und genau das tun sie und machen uns damit zu gläsernen Objekten, die vielleicht einer Nichte um 14:05 Uhr am Telefon erzählen, dass sie abnehmen wollen, worauf ihnen am Bildschirm ab 14:06 „zufällig" Diätprogramme in die Werbefenster eingeblendet werden. Genau so läuft das heute bereits ab, Spracherkennung inklusive, und niemand hat uns gefragt, ob wir permanent bis ins Privateste hinein abgehört und ausgeforscht werden möchten. Dass wir ausgeforscht werden, ist heute Fakt.

Andererseits lässt einen dann fast schon wieder schmunzeln, dass die komplexesten Techniksysteme, die der Mensch bisher hervorbrachte, nämlich die Computer und das Internet, ausgerechnet für den Versuch verwendet werden, uns Diät-Reklamezettel an die Stirn zu pappen. Die Diätkonzerne zahlen den Zuckerbergs als den neuen Pfeffersäcken dieser Welt Milliardenbeträge für die Bewerbung der Schlankmacher-Pillen. Und wie es zu vermuten wäre, sacken die Säcke das Geld ein.

Solange sie sich nur durch die Schlankmach-Pillendreher bezahlen lassen, ist es akzeptabel. Das Risiko ist aber, dass da mehr und mehr auch ganz andere ihre Finger im Spiel haben, und so grüßt uns alle ein verfolgter und geächteter Mann namens Edward Snowden aus seinem russischen Exil.

Das heutige aktuellste und größte Risiko der künstlichen Intelligenz ist also einstweilen der längst Realität gewordene Orwell'sche Überwachungs-Albtraum und die unausweichlich damit verbundene Gefahr der Aushöhlung unserer Demokratie und unserer Freiheit, mit unabsehbaren und hochgradig brisanten Folgen.

Humorvollerweise begründen die Überwachenden von der politischen Fraktion ihr hochriskantes Treiben grade auch mit der Gefahr durch den weltweit um sich greifenden religiös motivierten Terrorismus und versuchen so, den Teufel mit dem Beelzebub auszutreiben.

So wird erneut der Mangel an Bildung auf der einen, ergänzt um den Mangel an ethischen Werten ebenso wie um eine übersteigerte monetäre Gier auf der anderen Seite, zum fundamentalen Risiko, in dessen Folge ein Grad an allgemeiner Spionage gegenüber jedermann Realität wurde, der selbst George Orwell in Erstaunen versetzen würde.

Wie schnell Systeme in eine Diktatur abgleiten, zeigt tagesaktuell die Türkei. Und wenn man sich dann fragt, woher ein angehender Diktator die punktgenauen Informationen hat, welche Lehrer und Dozenten, welche Richter und welche Journalisten er kaltstellen lässt, dann ist die Antwort klar: aus dem überwachten Internet.

Mega-Tsunami durch Erdrutsch oder Seebeben

In großen Abständen können Erdbeben auftreten, die auf der Richterskala in Bereiche von 8 bis fast 10 vordringen. Wenn diese im Meeresboden der Ozeane passieren, können nachgelagerte Tsunamis die Folge sein.

So zerstörte in den Morgenstunden des 1. November 1755 ein Beben etwa zweihundert Kilometer vor der Küste fast vollständig die portugiesische Hauptstadt Lissabon. Es erreichte auf der Richterskala eine geschätzte Stärke von etwa 9. Mit geschätzten bis zu einhunderttausend Todesopfern ging dieses tragische Ereignis als eine der verheerendsten Naturkatastrophen in die europäische Geschichte ein. Die Zerstörungskraft des Bebens wurde noch gesteigert durch umfangreiche Brände und kurze Zeit später durch einen gewaltigen Tsunami.

Die Katastrophe von Lissabon hat viel mit dem Inhalt dieses Buches zu tun, denn sie warf auch religiöse und philosophische Fragen auf, und wir zitieren hier den philosophischen Part aus dem gut gemachten zugehörigen Wikipedia-Eintrag:

Wie etwa konnte ein gütiger und von den Menschen geliebter und verehrter Gott ein solches Ausmaß an Tod und Zerstörung zulassen? Das Erdbeben warf für Philosophen und Theologen dieses alte sogenannte Theodizee-Problem neu auf.

Insbesondere stellte sich die Frage: Warum hatte das Beben die Hauptstadt eines streng katholischen Landes getroffen, das für die Verbreitung des Christentums in der Welt wirkte? Und warum überdies am Festtag Allerheiligen? Und warum waren zahlreiche Kirchen dem Beben zum Opfer gefallen, aber ausgerechnet das Rotlichtviertel Lissabons, die Alfama, verschont geblieben?

Gelehrte wie Voltaire, Kant und Lessing diskutierten diese Fragen, und auf viele Denker der Aufklärung machte das Erdbeben einen großen Eindruck.

Zahlreiche zeitgenössische Philosophen erwähnen das Erdbeben in ihren Schriften oder spielen darauf an. Voltaire etwa schrieb ein *Poème sur le désastre de Lisbonne* (Gedicht über die Katastrophe von Lissabon, 1756). Vor allem aber inspirierte ihn das Beben in seinem Roman *Candide* zu einer Satire auf die Philosophie Leibniz' und Wolffs, wonach die existierende Welt die beste aller möglichen Welten sei.

Theodor Adorno schrieb 1966 in *Negative Dialektik*, „das Erdbeben von Lissabon reichte hin, Voltaire von der Leibniz'schen Theodizee zu heilen".

Und zwischen Voltaire und Rousseau entwickelte sich tatsächlich eine Kontroverse über den Optimismus und die Frage des Schlechten in der Welt.

Adorno sah eine Analogie zwischen dem Erdbeben von 1755 und dem Holocaust; beide Katastrophen seien so groß gewesen, dass sie die europäische Kultur und Philosophie zu transformieren vermochten.

Der junge Immanuel Kant war von dem Beben fasziniert und sammelte alle Nachrichten darüber, die er bekommen konnte. Kant veröffentlichte drei Texte über das Erdbeben und versuchte sich daran, eine Theorie über die Entstehung von Erdbeben aufzustellen. Diese postulierte riesige, mit heißen Gasen gefüllte Höhlen unter dem Meeresboden, was zwar später widerlegt wurde, aber einer der ersten systematischen Ansätze war, Erdbeben auf natürliche Ursachen zurückzuführen.

Auch Kants Theorie des Erhabenen ist vom Erlebnis der Katastrophe von Lissabon beeinflusst, und Werner Hamacher behauptet, dass die Grundlage der Philosophie von René Descartes im Gefolge des Bebens zu wanken begann und das Erdbeben sogar Auswirkungen auf das Vokabular der Philosophie gehabt habe. Die häufig gebrauchte Metapher einer „festen Grundlage" für die Argumente eines Philosophen sei angesichts des Bebens zu einer Worthülse verkommen.

In wissenschaftlicher Hinsicht tat sich schnell Positives, denn die Zerstörung Lissabons wurde zum Ausgangspunkt der internationalen Erdbebenforschung. Sehr intensiv nahm man sich fortan der Fragen an, was die Erde so ins Wanken bringen könnte, und auch wie die Antworten etwa einer erdbebensicheren Bauweise würden aussehen können.

Besonders bemerkenswert im Kontext der Zerstörung Lissabons ist aber die Rolle, die demjenigen zukam, der für den Wiederaufbau verantwortlich zeichnete. Kurz nach der Krise engagierte nämlich der Premierminister Sebastião de Mello, der spätere Marques de Pombal, etliche Architekten und Ingenieure, die unter seiner Leitung den Wiederaufbau planten.

Bereits ein Jahr nach dem Beben war Lissabon frei von Schutt, und der Wiederaufbau hatte begonnen. Man setzte viel daran, die Gebäude künftig erdbebensicher zu errichten. Dazu wurden Holzmodelle der Häuser aufgebaut, um die man Soldaten herummarschieren ließ, um Erschütterungen zu erzeugen. Das neu errichtete Stadtzentrum Lissabons, die Baixa Pombalina, ist heute eine der großen Attraktionen der Stadt.

Abb. 16: Ruine des Convento do Carmo in Lissabon

Dabei nutzte de Mello die Gelegenheit, um die neue Stadt großzügig und durchdacht zu planen, mit breiten, geraden Straßen und großen Plätzen. Nach dem Sinn solch breiter Straßen gefragt, soll de Mello geantwortet haben, „dass man sie eines Tages als klein betrachten werde". Ein weiterer Beweis, dass Menschen ein sehr weitsichtiges Denken möglich ist, auch wenn unser heutiger Zeitgeist diese Fähigkeit verschüttet hat.

Als Mahnmal blieb die Ruine des ehemaligen Karmeliter-Klosters Convento do Carmo bis heute erhalten. Sie ist in der vorangehenden Abbildung zu sehen.

Supervulkan-Eruption

Wir eröffnen diesen nächsten gravierenden Risikopunkt mit einer Schilderung darüber, wie die Menschheit, die es betrifft, eine Supervulkan-Eruption erleben wird – zumindest solange es noch Überlebende gibt, die davon überhaupt werden berichten können.

Gönnen wir uns dazu einen Ausflug ins Romanhafte und lassen wir die Schilderung eines Erzählers auf uns wirken, was bei einem Supervulkan-Ausbruch passieren wird.
Wir nehmen dazu einen Ausbruch der Yellowstone-Caldera, der großen Magma-Kammer unter dem Yellowstone-Nationalpark, im Jahre 2297 an. Folgen Sie uns für einen kurzen Moment auf einen literarischen Ausflug in die Risikoszenarien der Zukunft;

Abb. 17: Vulkanausbruch

„Kaum dass sich der erste fahle Morgenschimmer des 21. November 2297 am östlichen Himmel Oregons zeigte, drangen dort am fernen Horizont ganze Batterien niemals zuvor gesehener schwarz glühender Explosionen mit der Urgewalt apokalyptischer Mächte bis in den Erdorbit vor und verkündeten den Untergang einer modernen Welt, die niemals begriffen hatte, wie verletzlich sie trotz all ihrer wissenschaftlichen und technologischen Errungenschaften immer geblieben war.

Ganze Ozeane orangerot glühender Blitze zuckten unablässig durch die über fünfzig Kilometer hohen Wände aus Lava, Felsgestein, Asche und Staub, die sich immer weiter ausdehnten und wenig später bereits von Montana bis nach Colorado reichten.

Dann nahm dieses rußgeschwärzt aufgetürmte Meer der

Zerstörung Fahrt auf und raste alles niederbrennend über die Bergmassive der südlichen Rocky Mountains zu, auch auf den kleinen Beobachtungsposten am Lake Lowell, von dem seit langem schon dringende Warnmeldungen gekommen waren, die wie üblich ignoriert wurden, und zerstörte binnen weniger Stunden alles Leben auf dem gesamten nordamerikanischen Kontinent, wie ein Tornado einen morschen Schiffspfahl aus dem dunklen Schlick für immer verlorengegangener Erinnerungen reißt.

Mit jeder neuen Meile, die sie mit der Geschwindigkeit eines Flugzeugs überrollte, verglühte die stratosphärenhohe Feuerwalze alles, was sich ihr in den Weg stellte und verdampfte ganze Seen, als seien sie mikroskopische Tröpfchen auf Abermillionen Quadratkilometern geschmolzenen Stahls.

In einem alles zerstörenden Feuersturm von grausigem und gnadenlosem Glanz verbrannte die Supervulkan-Eruption der Yellowstone-Caldera bereits an ihrem ersten Tag fast die gesamte neue Welt, und als überfiele die Himmel selbst eine niemals erahnte Angst tauchten bald Gigatonnen vulkanischer Asche auch noch die Feuer selbst in die dunkelste Nacht. Das weite Land, es zerbrach wie ein Topf.

Sechs Tage lang rasten die Feuerstürme in immer neuen Wellen über den geschundenen Kontinent, bis ihre Rauchwolken sich über dem gesamten pazifischen Ozean ausgebreitet hatten, der unter der infernalischen Hitze zu kochen schien.

Bald darauf schickte er Wasser in solchen Unmengen in

den versengten Äther, dass ab dem achten Tag Sintfluten einsetzten, als wolle der alttestamentarische Gott erneut die Erde verfluchen um der Menschheit willen. Wolkenbrüche nie erahnter Intensität und Ausdauer tauchten nun auf allen Kontinenten die Berge und Täler ins Wasser, und wer nicht längst den Feuertod gestorben war, den ereilte jetzt sein nur noch grausameres Schicksal. Diesen Kampf konnte das Leben nicht gewinnen.

Nach weiteren Wochen zogen Orkansysteme apokalyptischer Dimensionen gegen die Wolkenfronten der Sintflut in Stellung, und gemeinsam entfachten darauf diese nie geahnten Mächte der Natur einen globalen Krieg der Titanen, an dessen Ende Stürme wie Wolken gleichsam untergingen und die ganze Welt in Grabesstille tauchten.

Ruhig ward nun das leblose Meer, verdunkelt alle Himmel bei Tag und bei Nacht und ein geschundener Leichnam das gesamte Land. Es herrschte nur noch Schweigen ringsum, und zu Asche geworden war alles, was jemals gelebt."[13]

Ob die Menschheit es schafft, die nächste, sicher eintretende Supervulkan-Katastrophe und die sich anschließenden extrem harten Jahrhunderte zu überstehen, das bleibt die entscheidende Frage.

Vielleicht gelingt ihr sogar, den Anschluss an ihren zuvor erreichten Entwicklungsstand zumindest einigermaßen auf-

---

[13] Szenenbild in Anlehnung an die 11. Tafel des Gilgamesch-Epos, also aus einer Zeit, die über 3500 Jahre zurückliegt.

rechtzuerhalten. Bis zum nächsten Ausbruch der Yellowstone-Caldera oder bis zum Eintreten eines der anderen Super-Desaster bleibt die einzig wirklich relevante Frage, die sich uns und auch unseren Kindern stellt, die, ob wir nach einem solchen Schicksalsschlag das alte technologische und kulturelle Niveau werden halten können.

Risiko Meteoritentreffer

Das Risikopotenzial eines Meteoriteneinschlags mag einem klarwerden, wenn man sich das Chicxulub-Meteoritenereignis vor 66 Millionen Jahren ansieht, das mit einem Einschlagskörper von mindestens 10 km Durchmesser wesentlich zur Auslöschung der Dinosaurier beitrug. Dieser Einschlag setzte etwa das Tausendfache der Energie frei, die vor 27 Millionen Jahren die sogenannte Fish-Canyon-Eruption erzeugte, mit etwa fünftausend Kubikkilometer Magma-Auswurf der größte Supervulkan-Ausbruch, den die bekannte Erdgeschichte zu verzeichnen hat. Das Zerstörungspotenzial von Meteoritentreffern ist also im Wortsinn „astronomisch".

Aus gutem Grund wird also bereits über Abwehrmaßnahmen nachgedacht, und es ist davon auszugehen, dass die Raumfahrt der folgenden Jahrzehnte sich mehr und mehr auch der Gefahrenabwehr durch Meteoritentreffer widmen wird. Dabei sind mehrere Varianten denkbar, wie man die Bahn eines Meteoriten so verändern könnte, dass ein Treffer abgewendet wird. Eine erste Beeinflussung einer Meteoritenbahn zu Forschungszwecken ist bereits geplant. Risiken werden dennoch immer bleiben, denn selbst bei Aufbau eines

Abwehrsystems wird eine Abwehrmaßnahme kaum mit hundertprozentiger Sicherheit durchgeführt werden können.

Wem die vorhergehende romanhafte Schilderung der Supervulkan-Eruption zu heftig erschien, dem sei versichert, auf einen kolossalen Meteoritentreffer würde sie auf jeden Fall zutreffen.

Abschwächung des Erdmagnetfelds

Das Magnetfeld der Erde spielt für die Abwehr der gefährlichen Bestandteile der Strahlung, die die Sonne beständig freisetzt, eine große Rolle. Bekannt ist aber, unter anderem aus geologischen Untersuchungen von Mineralien, die mit ihrem strukturellen Aufbau den Magnetisierungszustand ihrer Entstehungszeit festhalten, dass sich das Erdmagnetfeld erheblich abschwächen und sogar umpolen kann. Derzeit deutet vieles darauf hin, dass eine Phase einer deutlichen Abschwächung und einer sich anschließenden eventuellen Umkehr bereits im Gange ist. Daraus würde die Gefahr einer verstärkten Strahlenbelastung für alles Leben auf der Erde resultieren.

Gefahr einer uns zu nahen Supernova oder eines Treffers durch einen Gamma Ray Burst: Eine Supernova, die innerhalb unserer Milchstraße zu nah an unserem Sonnensystem einträte, könnte das Leben auf der Erde ebenso auf einen Schlag auslöschen, wie ein Treffer eines sogenannten Gamma Ray Bursts: Diese Ereignisse sind selten, dafür aber nur umso gefährlicher. Vor allem sind sie grundsätzlich eines, nämlich nicht vorhersehbar.

Gamma Ray Bursts sind gerichtete Gammastrahlen extrem hoher Energie die infolge kosmischer Hochenergie-Ereignisse entstehen, etwa dann, wenn schnell rotierende massereiche Sterne zu einem schwarzen Loch kollabieren.

Jüngste astronomische Studien zeigen dabei, wie es in der Einleitung bereits angedeutet wurde, dass sich, durch solche Ereignisse bedingt, unter Umständen alle Galaxien in erschreckend effektiver Art immer wieder selbst sterilisieren, und zwar nach jüngsten Analysen erheblich umfassender, als man das zuvor vermutet hätte.

Das sogenannte Fermi-Paradoxon, das die neugierige Frage stellt, warum wir Menschen bisher mit keiner einzigen unserer vielen Antennen irgendein Funksignal auch nur einer einzigen anderen intelligenten Lebensform empfangen konnten, kann mit dieser „Selbststerilisierung der Galaxien“ in engem Zusammenhang stehen.

Für uns heißt das insbesondere nichts Gutes, denn wenn wir uns nicht sehr schnell weiterentwickeln, mag uns unsere eigene Heimatgalaxis den Lebensraum nehmen, noch bevor wir überhaupt den Schritt hinaus ins Universum zustande brachten.

Intensivierung der Sonnenstrahlung

Wie bereits zuvor erwähnt, wird die Sonne infolge der Natur ihrer Fusionsprozesse immer mehr Strahlung abgeben.

Von den 5 Milliarden Jahren, die sie noch brennt, steht uns also nur ein kleiner Bruchteil tatsächlich zur Verfügung. Danach legt die Sonne die Erde „auf den Grill“. Wenn wir bis dahin nicht in der Lage sind, in kosmischem Maßstab zu agieren, wird auch dies das Ende unserer Spezies besiegeln.

Das langsame Risiko der Kontinentalverschiebung und das womöglich weit schnellere Risiko der alten Erdplatten

Durch die Kontinentalverschiebung unseres Planeten werden langfristig alle Strukturen, auch die, die Menschen an Land jemals schufen, immer wieder „untergepflügt".

Der Vorteil hierbei ist, dass die Vorgänge sehr langsam und nicht etwa in Form katastrophaler Explosionen oder Implosionen ablaufen. Ausnahmen sind die durch die kontinentalen Spannungen hervorgerufenen Erdbeben, die jedoch kaum ein Potenzial erreichen, die Menschheit auszulöschen.

Und dennoch schlummert noch ein zusätzliches Risiko unter uns, das mit den Kontinentalplatten ganz entscheidend zu tun hat. Da man unterdessen mittels hochsensibler und hochgenauer Erdbebensensoren das Innere der Erde immer besser bildhaft und dreidimensional erfassen kann, sichtbar gemacht quasi wie ein ungeborenes Kind im Ultraschall-Scan, lernte man jüngst, dass sich zwei riesige Blasen geschmolzenen ehemaligen Kontinentalgesteins unter Afrika und unter dem Pazifik befinden.

Diese Gesteinsblasen geben Anlass zu erheblicher Besorgnis: Jede von ihnen fast so groß wie der gesamte Himalaya, kochen sie im Bauch der Erde als gewaltige Inhomogenitäten vor sich hin und sollen in der Erdgeschichte bereits zweimal aus dem Gleichgewicht geraten sein.

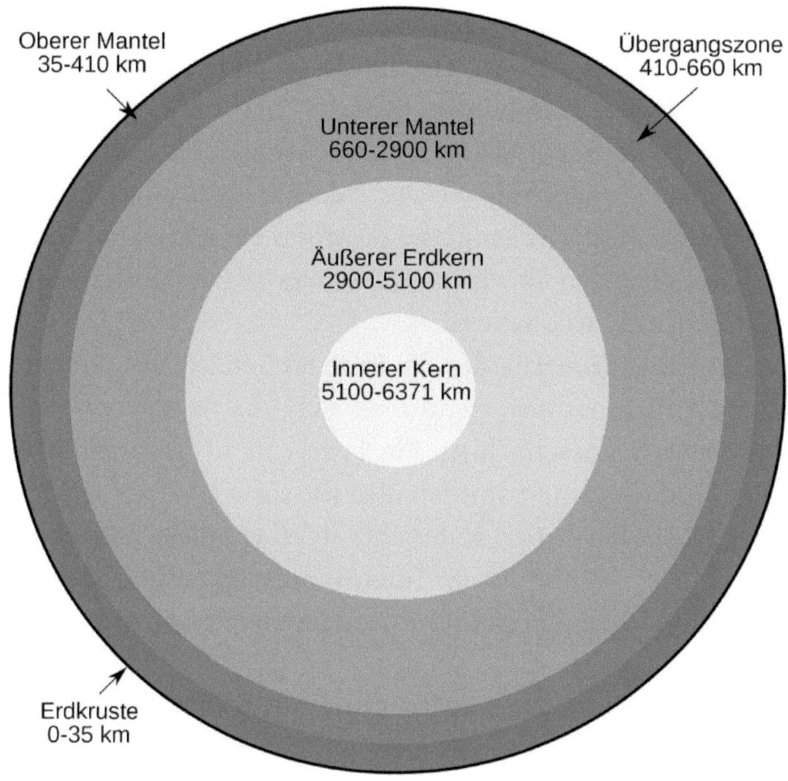

Abb. 18: Aufbau der Erde (schematisch)

In der Folge kippte das Leben auf dem gesamten Planeten, und dass ganze Kontinente danach in völlig anderen Klimazonen lagen, ist wohl noch das kleinste der dabei auftretenden kolossalen Probleme gewesen.

Als ob also Supervulkane nicht bereits eine hinreichend große Gefahr wären, kocht zusätzlich der Gesteinsbrei abgesunkener ehemaliger Kontinentalmassen ab und an wieder hoch. Dass dies bereits mehrfach passiert ist kann man daran erkennen, dass es auf der Erdoberfläche Spuren hinterlassen hat. Ein solches Eruptionsereignis, das man sich wohl kaum wie nur einen Supervulkan-Ausbruch vorstellen kann, sondern eher wie das vulkanische Durchkochen eines halben Kontinents, hinterließ vor etwa 66 Millionen Jahren in Indien Lavaablagerungen auf einer Fläche so groß wie Alaska – und das bis zu zwei Kilometer dick!

Das wilde Szenario, das die Erde tatsächlich bietet, überrascht ja nicht einmal, wenn man sich nur vergegenwärtigt, was die Erde tatsächlich ist: Ein Feuerball aus flüssigen Metallen und Gesteinen, brodelnd in flüssiger Glut wie ein frischer Hochofenabstich, mit nichts als einer apfelschalendünnen Kruste, die auf alldem Inferno aufschwimmt. Und auf der Kruste leben wir und träumen von einer stabilen Welt.

Das Risiko durch die Genforschung und sich daraus ergebende Veränderungen unserer Spezies

Es bleibt wohl kaum jemandem verborgen, dass unterdessen die Gentechnik einen der wichtigsten Weiterentwicklungspfade der Menschheit eröffnet.

Dies wird nicht ohne Risiken abgehen, vor allem, wenn das universelle Grundlagenwissen aus Kapitel 3 unbeachtet bliebe, und man demzufolge genetische Veränderungen zu großer Schrittweiten zu schnell durchführt.

Der Weg zum „Homunkulus", zum künstlich geschaffenen Menschen, und damit auch zum Dr. Frankenstein, ist seit der Eröffnung des Wissenschaftsgebietes der Gentechnik frei, das muss uns allen klar sein. Indessen ist hier auch das Potenzial der positiven Chancen gewaltig, denn es ist absehbar, dass wer ein krankes Herz hat, sich einst – und mit etwas Glück in nicht einmal allzu ferner Zukunft – gentechnisch ein neues, eigenes Herz wird erzeugen und ersetzen lassen können, das so gut ist wie neugeboren, weil es tatsächlich neugeboren ist. Die lebensabsichernden oder gar -verlängernden Aspekte sind enorm, und sie sind auch sehr positiv.

Vielleicht wird insofern am „Risiko-Korridor" der Gentechnik besonders gut klar, dass Risiken immer auch mit Chancen einhergehen, und große Risiken mit großen Chancen, wenn man sich ihnen nur klug und präventiv nähert.

Das Risiko des sich im Verborgenen nähernden Haifisches

Sehr wichtig zu erwähnen bleibt, dass uns im Sinne des Sprichwortes „Der Hai den man sieht, tötet einen nicht" bewusst sein muss, dass mit allerhöchster Wahrscheinlichkeit zahlreiche weitere Risiken auf uns lauern, die wir noch überhaupt nicht auf den Radarschirmen unserer Erkenntnis haben. Die Supervulkane sind hier im kurz- bis mittelfristigen Zeithorizont ein gutes Beispiel, denn sie wurden der Menschheit erst gegen Ende des 20. Jahrhunderts erstmals bekannt.

Das Phänomen des „unsichtbaren Hais" noch besser zu illustrieren lässt sich tagesaktuell zum Zeitpunkt der Entstehung dieses Buches kaum besser bewerkstelligen, als mit dem in den Bereich des Möglichen rückenden „Planeten 9" unseres eigenen Sonnensystems:

Nachdem Pluto als Planet wegfiel, blieben ja nur 8 Planeten übrig, und doch mögen es am Ende wieder 9 Planeten sein, wenn sich die revolutionäre Vermutung bewahrheitet, die erst in jüngster Zeit aufkam: Dass es weit außerhalb der Bahn des Pluto noch einen Riesenplaneten unseres eigenen Sonnensystems geben könnte, der in der Dunkelheit des Raumes bis in unsere Tage unentdeckt „als der unsichtbare Hai" seine einsame und geheimnisvolle Bahn zieht.

Jüngste Berechnungen zur Existenz, Größe und Umlaufbahn von „Planet 9" ergeben sich allesamt aus bekannten Schwankungen der Umlaufbahnen von sogenannten „extremen transneptunischen Objekten" wie etwa (90377) Sedna.

(90377) Sedna ist ein Objekt jenseits des Kuipergürtels und gehört aufgrund seiner Größe und Masse höchstwahrscheinlich zu den Zwergplaneten. Aufgrund des Perihels von 76 AE[14] kann es kein von Neptun gestreutes Objekt des Kuipergürtels sein und wird von Mike Brown in die neue Klasse der „Distant Detached Objects" (DDOs) oder als der „Inneren Oortschen Wolke" zugehörig eingeordnet.

Mindestens sechs Objekte dieser Art weisen Abweichungen ihrer Umlaufbahnen auf, die mit hoher Wahrscheinlichkeit auf einen „Planet 9" hinweisen. Nach allen vorliegenden Daten könnte er ein Eisriese sein, der über etwa die zehnfache Masse der Erde verfügt und dessen mittlere Entfernung zur Sonne etwa zwanzigfach größer ist als die des Neptun.

---

[14] Die Astronomische Einheit (abgekürzt AE) hat definitionsgemäß eine Länge von 149 597 870 700 Metern und entspricht etwa dem mittleren Abstand zwischen Erde und Sonne (Wikipedia).

Zum „Hai" wird dieser dunkle und daher bisher unentdeckt gebliebene Riesenplanet nach weiteren neuen Theorien dadurch, dass er alle 27 Millionen Jahre den Kuipergürtel so durchkreuzt, dass er von dort aus einen massiven Beschuss der Erde mit Meteoriten auslöst:

Alle 27 Millionen Jahre kam es bisher im Verlauf der Erdgeschichte zu gravierenden Artensterben jeweils ganz enormer Dimensionen. Dies ist wiederum aus der Evolutionsforschung und aus dem Artennachweis aus Fossilien bekannt. Bisher waren die Ursachen dieser wie zyklisch wiederkehrenden apokalyptischen Katastrophen unbekannt. „Planet 9" könnte der Hai sein, der sich dahinter verbirgt.

Das Kapitel der großen Risikoszenarien ist damit längst nicht vollständig. Um es dennoch abzuschließen, ist die Konsequenz, der wir uns stellen müssen, dass es, auch über den dunklen Eisplaneten 9 hinaus, ganz sicher etliche weitere Gefahrenquellen gibt, die uns bis heute völlig unbekannt sind.

Umso mehr sollten wir wachsam sein, und umso mehr Bedeutung sollten wir der Zeitfalle beimessen und allen ab sofort in höchstem Maße gebotenen und langanhaltenden gemeinsamen Anstrengungen, um ihr zu entkommen.

In diesem Sinne gehören auch die Risikoszenarien, die dieses Kapitel anriss, zu den fundamentalen Bildungsbausteinen für alle.

4. Was würde die Zeitfalle alles zerschlagen, wenn wir sie nicht entschärfen?

Der Wissenschaftsjournalist Ulf von Rauchhaupt schrieb in der FAZ vom 22. September 2016 in einem Artikel über große Artensterben der Erdgeschichte: „So oder so wird der Mensch die Biosphäre nicht ein für alle Mal minieren", und weiter führt er sinngemäß aus, dass der Homo sapiens in den stetig wechselnden klimatischen Bedingungen einer Eiszeitphase großgeworden ist und wohl auch deshalb als biologische Art den kommenden Wandel überleben wird.

Aber dann folgt ein ganz entscheidender Satz in einer bemerkenswerten Klarheit: „Seine Zivilisation aber, mit ihren Annehmlichkeiten und geistigen Höhenflügen, ist historisch das Produkt einzigartig stabiler Umweltbedingungen während der vergangenen 10 000 Jahre. Damit könnte es dann vorbei sein."[15]

Diese Kapitel behandelt genau diesen zentralen Aspekt und stellt die Frage, was geschieht, sobald eine der großen Katastrophen eintritt, in anderen Worten, was ab dem Zeitpunkt passiert, an dem die Zeitfalle unweigerlich zuschlägt. Es gilt dabei vor allem anderen zu beantworten, wie viel von dem, was wir Menschen bis heute erreichten, so grundlegend

---

[15] http://www.faz.net/aktuell/wissen/massenaussterben-fuenf-mal-ging-die-welt-schon-unter-14424429.html (15.11.2106).

zerschlagen würde, dass es komplett neu erarbeitet werden müsste, und dies unter Umständen über Jahrhunderte, wenn nicht über Jahrtausende hinweg.

Da in diesen nachfolgenden Jahrtausenden jedoch weitere Katastrophen bisher ungekannten Ausmaßes nicht einfach ausbleiben werden, weil die Menschheit etwas Zeit braucht sich wiederzufinden, könnte der Abstieg aus den Höhen der Errungenschaften der heutigen Zivilisation dann eben doch der Anfang vom Ende sein.

Noch besteht die Chance, sich zu besinnen und endlich die großen Projekte zu starten, die wirklich ein Überleben nicht nur der Spezies Homo sapiens, sondern auch unserer Zivilisation ermöglichen könnten. Eventuell deshalb, weil vielleicht fünfhundert Jahre erforderlich sind, um die technischen und zivilisatorischen Voraussetzungen dafür zu schaffen, dass bei Eintritt etwa des nächsten Supervulkan-Ausbruchs nicht nur die Menschheit, sondern die Zivilisation weiterbesteht. Wenn wir erst in Jahren oder Jahrzehnten aufbrechen und nicht heute, dann könnte das unseren Untergang am Ende doch besiegeln, obwohl die nächsten Jahrhunderte der Erdgeschichte noch friedlich bleiben. Ein rechtzeitiges, das heißt sofortiges Reagieren erhöht die Chance auf eine goldene Epoche der Zukunft.

So oder so muss sich jedoch die Menschheit klarmachen, dass der Weg in diese goldene Epoche, ja sogar der Weg in jede andere Zukunft der Menschheit durch massive globale Katastrophen hindurchführen wird. Das unausweichliche Szenario des nächsten Supervulkan-Ausbruchs unseres Heimatplaneten genau zu erarbeiten ist also keine Schwarzmalerei, sondern die einzig mögliche Routenplanung in unsere eigene Zukunft. Dazu ist es notwendig, festzustellen, welche konkreten Konsequenzen dieser unvermeidbar kommende Ausbruch für unsere Gesellschaft und für jeden Einzelnen haben wird.

Hierzu ist der Film *Supervolcano*, den die BBC produzierte, eine hilfreiche und informative Quelle.[16] Zusammengefasst handelt der Film vom Ausbruch der Yellowstone-Caldera, der gigantischen Lavakammer unter dem Yellowstone-Nationalpark, und beschreibt sehr realistisch, wie unterschiedliche Gruppen aus Vulkanforschern, Politikern, Katastrophenschutzbeauftragten, Journalisten, Familienangehörigen und weiteren Mitstreitern der übrigen Bevölkerung mit dem sich anbahnenden und dann letztlich eintretenden Desaster umgehen.

Auch das zeitliche Geschehen ist realitätsnah wiedergegeben; denn es wurde insbesondere durch Studien der jüngsten Zeit bestätigt, dass die Vorwarnzeit, die ein Supervulkan uns geben wird, sehr kurz ist. Sie liegt bei unter einem Jahr; dies ergaben kristalline Nachweise in Gesteinsproben rund um vorhandene zurückliegende Ausbrüchen.

Neben der Phase, in der Beschwichtiger und Warner um die Oberhand ringen, ist natürlich die Zeit ab dem Beginn des

---

[16] In der Regel findet man diesen Beitrag auf YouTube, gegebenenfalls unter wechselnden Adressen, beziehungsweise unter dem Google-Stichwort „Supervolcano BBC movie".

Ausbruchs besonders eindrucksvoll, da sie klarstellt, wie wenig auch die modernsten Gesellschaften, selbst die der USA, sich auf den Ernstfall vorbereitet haben – man könnte auch sagen, wie wenig sie sich bis heute ein Bild vom wirklichen Leben und Sterben machen. Letztlich fallen binnen weniger Stunden sämtliche Verkehrssysteme aus, dazu entscheidende Teile der Informations- und Energieversorgung, und das auf unabsehbare Zeit, denn wie lange ein Supervulkan-Ausbruch dauert und nachwirkt, ist kaum berechenbar. Es kann also nicht einmal der Zeitpunkt bestimmt werden, zu dem erste Reparaturen überhaupt sinnvoll begonnen werden könnten.

Im Übrigen deutet der Film auch an, wie sehr nicht nur Nordamerika, sondern der gesamte Planet unweigerlich aus dem Gleichgewicht gerät und wie wenig sich andere Kontinente danach vor den alle Grenzen überschreitenden fundamental bedrohlichen Folgen werden schützen können.

Der Film endet im Dunkel einer ungeahnt lebensfeindlichen Zukunft, deren Anfang bereits vor dem Erreichen der schlimmsten Zerstörungen apokalyptische Züge hat, und deren Ende, auch im globalen Kontext, überhaupt niemand absehen kann.

4.1 Toba-Ereignis

Um die Gefahr der ständigen Bedrohung unserer Zivilisation durch Supervulkane zu verdeutlichen, eignet sich vielleicht die Strategie am besten, die zurückliegenden Supervulkan-Ausbrüche zu studieren, welche die frühe Menschheit betrafen.

Der sogenannte Toba-Ausbruch war eine derartige Supervulkan-Eruption: Sie fand in der Frühphase unserer sich bereits über den Planeten ausbreitenden Spezies statt, und zwar vor etwa 75 000 Jahren, an der Stelle des heutigen Toba-Sees im indonesischen Sumatra.

Abb. 19: Lake Toba (Luftaufnahme)

Die Gegend um den Lake Toba ist heute, genau wie die des
Yellowstone Park, von geradezu paradiesischer Schönheit.
Dass dabei gerade von solchen paradiesischen Szenarien die
größte Gefahr ausgeht, hat fast schon etwas Mystisches.

Der Toba-Ausbruch ist eine der größten bekannten Eruptionen der Erdgeschichte. Es wurden etwa 2500 km vulkanischen Materials ausgeworfen. Nur zum Vergleich: Als 1815
der ebenfalls in Indonesien gelegene Tambora ausbrach, warf
dieser um die 100 km aus, was damals ein „Jahr ohne Sommer“ in der nördlichen Hemisphäre verursachte. Der Sommer des Jahres 1816 fiel einfach aus. Und das bei einer Auswurfmenge, die 25-fach kleiner war als die des Toba.

Darüber hinaus herrschte auch nach dem kleineren Tam-
bora-Ausbruch zwei Jahre lang überall auf der Nordhalbku-
gel Kälte. Auf einen bitterkalten Winter 1815/1816 folgte in
Nordamerika ein kurzes Frühjahr; dann kehrte der Schnee
zurück. Im kanadischen Quebec sah es im Juni aus wie im
Dezember – Straßen, Plätze und Häuser waren vollständig
von Schnee bedeckt. Nicht anders widerfuhr es den Neueng-
landstaaten entlang der amerikanischen Ostküste. In Süd-
deutschland kam nach einem harten und schneereichen
Winter erst Ende Juni ein kurz angedeutetes Frühjahr. Ende
Juli lag das Land aber bereits wieder unter einer dichten
Schneedecke.

Diese unstrittige massive Beeinträchtigung Europas durch
den Tambora im Jahr 1815 sollte all die Skeptiker nachdenk-
lich machen, die eine Supervulkan-Katastrophe mit Aussagen der Art entschärfen wollen, so schlimm werde es schon
nicht kommen.

Manche beschwichtigenden Argumente mögen für sich genommen nicht falsch sein. Aber was nützen sie der Bevölkerung, die infolge der gravierenden Auswirkungen von tausenden Kubikkilometern Auswurfmenge, die der nächste Supervulkan freisetzen wird, schlicht und einfach an der Asche, der Kälte, dem Ausfall der gesamten Infrastruktur und dem Hunger zugrunde geht?

Als der Toba vor 75 000 Jahren ausbrach, bedeckte eine Ascheschicht ganz Asien. Auch auf dem Indischen Ozean lagerte sich eine Decke aus Vulkanasche ab, desgleichen auf dem Arabischen und dem Südchinesischen Meer.

Tiefsee-Bohrkerne aus dem Südchinesischen Meer belegen, dass die Reichweite der Eruption sogar noch größer war als angenommen, was darauf hindeutet, dass die vermuteten 2500 km ein Minimalwert oder gar eine gravierende Unterschätzung sein könnten.

Die langfristigen Auswirkungen der Toba-Eruption sind aus einem speziellen Grund besonders schwierig zu interpretieren. Sie fiel zeitlich mit dem Beginn der letzten Eiszeit zusammen, und es ist nicht klar abzugrenzen, inwieweit sie diese auslöste oder nur verstärkte. Der Nachweis von Grönland-Eiskernen zeigt jedoch ohne Zweifel eine tausendjährige Periode niedriger Temperaturen und erhöhter Staubablagerung nach dem Ausbruch an. Nach heute gängiger Auffassung vieler Forscher könnte das Toba-Ereignis diese Eiszeit um zweihundert Jahre verlängert haben, und zwar durch das langfristige Fortbestehen der stratosphärischen Belastungen.

Die Befürworter der genetischen Flaschenhals-Theorie weisen darauf hin, dass der Toba-Ausbruch unmittelbar und zweifelsfrei zu einer jahrzehntelangen globalen ökologischen Katastrophe führte, einschließlich der Zerstörung der Vegetation durch starke Trockenheit in den Gürteln des tropischen Regenwaldes und in den Monsunregionen.

So setzte, ganz unabhängig von der allmählich einsetzenden Eiszeit, ein unmittelbarer zehnjähriger globaler vulkanischer Winter ein. Das heißt, auch unter Nichtbeachtung der gravierenden jahrhundertelangen Beeinflussungen dauerten die Bedingungen, wie sie 1816 durch den Tambora ausgelöst worden waren, in weitaus verstärkter Form eben nicht nur ein Jahr, sondern zehn Jahre lang an. Allein das dürfte einen nachhaltigen Einfluss auf die Nahrungsquellen der damaligen Menschen gehabt haben.

Die Katastrophe traf die frühen Menschen hart, so viel dürfte feststehen. Im Jahr 1993 äußerte die Wissenschaftsjournalistin Ann Gibbons erstmals die Vermutung, dass es eine Verbindung zwischen dem Ausbruch des Toba-Vulkans und einem zeitgleich nachweislich auftretenden Bevölkerungsengpass in der menschlichen Evolution gibt. Zahlreiche namhafte Wissenschaftler schlossen sich bis heute dieser These an.

Im Jahre 1998 wurde durch Stanley H. Ambrose von der University of Illinois eine genauere Engpasstheorie entwickelt.

Wenn auch ein monokausaler Zusammenhang zwischen der Toba-Eruption und dem dramatischen Bevölkerungsrückgang jener Zeit bis heute nicht zweifelsfrei bewiesen ist, so steht doch fest, dass das menschliche Genom ohne jeden Zweifel eine gravierende Engstelle nachweist, die auf etwa

75 000 Jahre vor unserer Zeit datierbar ist. Allein ob diese auch durch andere, ergänzende Faktoren ausgelöst wurde, ist nicht vollends geklärt.

Es dürfte jedoch feststehen, dass ein Supervulkan-Ausbruch in der heutigen Zeit gravierende Auswirkungen hätte, und die Frage, die sich an allererster Stelle ergibt, ist nicht die, ob die Menschheit das globale Inferno überleben würde. Vermutlich würde sie es überleben, wenngleich sich die Erdbevölkerung von vielleicht zehn Milliarden Menschen um mehrere Milliarden verringern würde. Nein, die Frage im Kontext dieses Buches ist, bei aller Tragik des potenziellen Todes so vieler Menschen, eine andere, nämlich auf welchem zivilisatorischen und technologischen Niveau sich die überlebende Restbevölkerung wiederfinden und wie viele Jahrhunderte sie benötigen würde, um erneut den Stand zu erreichen, auf dem sie sich vor der Katastrophe befand.

Die These, dass sich die Menschheit nach einer Supervulkan-Katastrophe nicht auf ihrem vor dem Ausbruch erreichten Niveau halten kann, lässt sich aus mehreren Überlegungen und Beobachtungen ableiten:

In der Vergangenheit hat es bereits mehrfach einen Rückschritt hoher Zivilisationen um Jahrhunderte, wenn nicht um Jahrtausende gegeben. Die Kulturen aus der Zeit des alten Ägypten, die in Teilen des gesamten Mittelmeerraums siedelten, sind dafür ebenso Zeugnis wie das antike Griechenland oder das römische Weltreich. Viele Hochkulturen gingen für Jahrtausende unter, einschließlich dessen, was sie an sozialen und technischen Errungenschaften erreicht hatten. Die Geschichte der großen und unabhängigen antiken Stadtstaaten

Griechenlands war spätestens um 150 v. Chr. beendet, und das für fast zweitausend Jahre. Erst im 19. Jahrhundert würde das Land zumindest ein eigener Staat werden.

Die Gegenthese, gemäß derer sich erreichte Niveaus kultureller oder technischer Art auch ohne das Zutun kundiger Menschen selbst erhalten würden, ist nachgerade absurd, und es ist niemand bekannt, der sie aufstellen würde. Nein, es sind Menschen, die alle Errungenschaften aufrechterhalten, auch die technologischen. Fehlen diese Menschen, weil sie eine Katastrophe nicht überleben, oder stehen ihnen nach der Katastrophe im Überlebensfall die Ressourcen, auf deren Basis sie sich um den Erhalt der erreichten Zivilisationsstufe bemühen konnten, nicht mehr zur Verfügung, so gehen die Errungenschaften aller Bereiche verloren.

Als kritische Größen, um das Schlimmste zu verhindern, können angesehen werden:

Erstens, ein möglichst hoher allgemeiner durchschnittlicher Bildungsgrad der Weltbevölkerung; denn welche Teile der globalen Bevölkerung überleben werden, ist nicht vorherzusagen. Es steht aber fest, dass das Wissen und der Bildungsgrad derer, die überleben werden, entscheidend dafür sein wird, ob überhaupt und gegebenenfalls in welcher Zeit der Status quo vor der Katastrophe wieder erreicht werden kann. Diese Überlegungen sind insbesondere deshalb wichtig, weil es Supervulkane mitten in Hochtechnologie-Nationen gibt, etwa die Yellowstone-Caldera in den USA oder die Phlegräischen Felder bei Neapel als Gefahr für Europa.

Zweitens, die technische Vorbereitung auf die Katastrophe zum Zeitpunkt deren Eintritts. Je mehr Technologien wie etwa Kommunikation und Mobilität nicht auf einen Katastrophenfall ausgelegt sind und dementsprechend sofort ihren Dienst quittieren würden, umso schlimmer wird es die Menschheit treffen.

Gerade der letztgenannte Punkt birgt ein ungeheures Entwicklungspotenzial, denn würde sich eine entsprechende Erkenntnis, verbunden mit dem Willen, ihr die richtigen Antworten folgen zu lassen, erst einmal durchsetzen, wäre ein Programm zur Vorbereitung des Planeten auf die nächste globale Katastrophe das mächtigste und wirkungsvollste Wirtschaftsprogramm aller Zeiten – und das wichtigste obendrein.

Dass diese Zusammenhänge selbst von Wirtschaftsnobelpreisträgern nicht erkannt werden, wirft kein gutes Licht auf den Erkenntnisgrad der Menschheit.

Lassen wir jedoch die Toba-Schilderung so stehen, als Information zum Hintergrund, und schauen wir uns nun noch die Yellowstone-Caldera an, deren Ausbruch eher an der Reihe sein könnte als der des Toba, und die mitten in Amerika liegt. In dieser Betrachtung gehen wir auch genauer auf die konkreten technischen Folgen ein.

4.2 Yellowstone-Caldera

Der Yellowstone-Nationalpark hat dieselbe atemberaubende Schönheit, die mit einer ungeheuren latenten Gefahr einhergeht, wie wir dies beim Lake Toba bereits angesprochen haben. Der Park ist eine der attraktivsten und am meisten besuchten Landschaften ganz Amerikas, und er brachte ganze Generationen zum Träumen

Abb. 20: Landschaft im Yellowstone-Nationalpark

Der Blick im vorhergehenden Bild zeigt die sogenannten Lower Falls des Yellowstone Rivers. Die großartigen Felswände des Canyons bestehen aus Tuffgestein und erkalteter Lava, sind also Zeugnis und Werk früherer Eruptionen, die mit ihrer zerstörerischen Kraft dieses Wunder der Natur hervorbrachte.

Auch unter dem Yellowstone-Nationalpark brodelt ein Supervulkan. Und eine jüngere Studie zeigt, dass sein zweistufiges Magma-Reservoir, mit einer oberen und einer unteren Kammer, insgesamt noch deutlich größer ist, als bisher angenommen wurde.

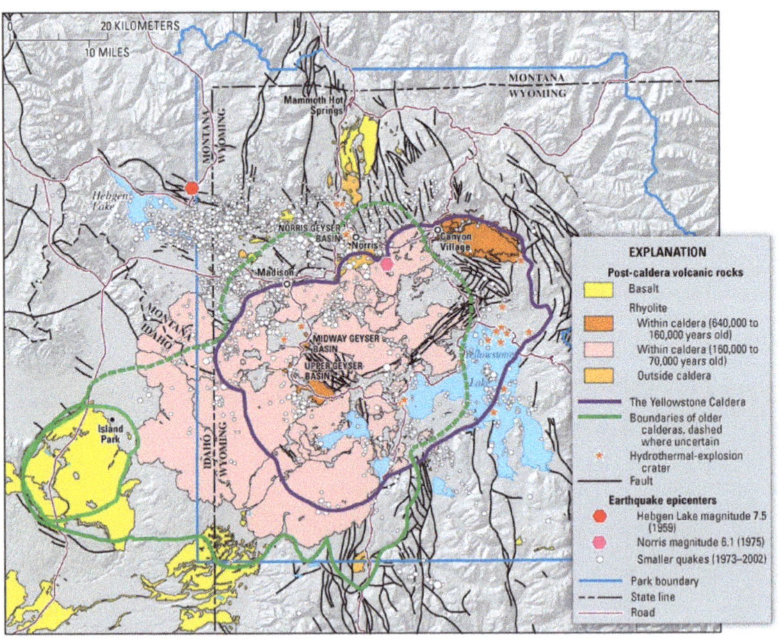

Abb. 21: Die Yellowstone-Supervulkan-Caldera

Der Inhalt der Magma-Kammer beträgt 46 000 km³, eine Lavamasse, die sogar den Grand Canyon auffüllen könnte – und zwar nicht nur ein-, sondern elfmal. Würde der Yellowstone-Supervulkan ausbrechen, wären bei einem Auswurf auch nur eines Bruchteils seines Magma-Reservoirs ein klimatischer und technischer Zusammenbruch von ganz Nordamerika und eine globale vulkanische Eiszeit mehrerer Jahre oder Jahrzehnte die Folge. Der Ascheregen würde sich im betroffenen US-Bundesstaat meterdick ablagern, und selbst im über dreitausend Kilometer entfernten New York würde er immer noch einige Zentimeter betragen.

Da eine Supervulkan-Eruption ihre eigenen Windsysteme erzeugt, würde die Asche auch an die Westküste der USA getragen und sie würde dort unter anderem auch das Silicon Valley zum Erliegen bringen.

Zu den verheerenden Wirkungen von Vulkanasche muss man wissen, dass die allgemein bekannte Asche von Verbrennungsvorgängen, die aus Rückständen organischen Materials besteht, mit Vulkanasche nichts zu tun. Vulkanasche ist eher hochaktiver Zement als harmloses Pulver. Und das Problem ist, dass seine Eigenschaften nicht nur für fast alle Lebewesen, pflanzliche wie tierische, sondern auch für fast alle Komponenten der typischen Infrastruktursysteme eines heutigen Staates gefährlich sind.

Die Infrastruktur ist entscheidend für moderne Gesellschaften. Sie unterstützt nicht nur das Leben, sondern sie ermöglicht es erst; denn wie sollte etwa eine Stadtbevölkerung überleben, der keine Lebensmittel mehr bereitgestellt werden? Kraftwerke und ihre Energienetze, Gesundheits- und Bildungseinrichtungen, Trinkwasser-Versorgungseinrichtungen, Mobilitäts- und Kommunikationssysteme, Dienstleistungen aller Art, Industriebetriebe, Forschungseinrichtungen, Landwirtschaftsbetriebe oder Fischfangflotten, sie alle sind Infrastrukturkomponenten, die durch Vulkanasche erheblich gefährdet beziehungsweise bei Vulkanasche-Eintrag in großen Mengen komplett und auf lange Zeit ausgeschaltet werden.

Mehrere Eruptionen der jüngeren Zeit haben die Anfälligkeit moderner Gesellschaften bereits für geringe Mengen an Vulkanasche eindrücklich aufgezeigt. So hat der im Jahre 2010 erfolgte Ausbruch des Eyjafjallajökull in Island jedem vor Augen geführt, wie groß bereits die Auswirkungen eines sehr geringen Vulkanascheregens in der modernen Gesellschaft sein können. Flugverbindungen, auch internationale, mussten wochenlang umgeleitet werden oder fielen ganz aus.

Vulkanische Asche wirkt physisch, sozial und wirtschaftlich zerstörend. Dabei sind die Schäden auch größerer Aschemengen auf lange Sicht irreversibel. Die Kosten zum vollständigen Neuaufbau der zerstörten Gebiete sind jedoch immens.

Da Vulkanasche sehr fein ist, kann sie mit dem Wind sehr weit getragen werden und in fast alle Systeme eindringen, die nicht hermetisch abgeschlossen sind. Sie ist von ihrem spezifischen Gewicht her sehr schwer und wird, sobald sie mit Wasser in Verbindung gerät, fest wie Beton und zudem elektrisch leitend. Daher kann sie technische Systeme sowohl rein mechanisch beeinträchtigen oder zerstören als auch in ihrer elektrischen Funktion stören oder ganz funktionsunfähig machen.

Noch konkreter gesagt heißt das unter anderem:

- Vulkanasche wird bei fehlendem Atemschutz von luft-
  atmenden Lebewesen eingeatmet und kann diese schä-
  digen oder töten, da Vulkanasche an den Lungenwan-
  dungen Feuchtigkeit aufnimmt und dadurch aushärtet.
- Pflanzen werden durch Vulkanasche in ihrer Photo-
  synthese beeinträchtigt. Sie können keine Energie mehr
  erzeugen und sterben in vielen Fällen ab.
- Kraftwerke fallen aus, da kritische Komponenten wie
  etwa Kühlsysteme oder auch Notstromaggregate außer
  Funktion gesetzt werden.
- Energie-Verteilernetze fallen ebenfalls aus, da es zu Lei-
  tungszusammenbrüchen kommt.
- Fahrzeuge fallen aus, und zwar sowohl Eisenbahnen als
  auch Busse, LKWs und PKWs, da deren Antriebe und
  Nebenaggregate, zum Beispiel Kühler, außer Funktion
  gesetzt werden. Bei keiner Kategorie der genannten
  Verkehrsmittel sind die Antriebssysteme so hermetisch
  abgeschlossen, dass Vulkanasche nicht in eine Vielzahl
  kritischer Komponenten eindringen könnte. Die einzigen Fahrzeuge die noch fahren wären vermutlich U-
  Boote mit autonomen Nuklearantrieben.
- Motoren und die Triebwerke von Flugzeugen fallen
  auch aus, da sich die Asche in den Antrieben festsetzt
  und diese ab einer hinreichend hohen Ablagerungs-
  dichte zerstört. Dabei können bereits geringe Mengen
  solche Beeinträchtigungen hervorrufen, dass zum Beispiel Flüge nicht mehr durchgeführt werden können.
- Sämtliche auf Funksignalen basierende Kommunikati-

onstechnik fällt aus, da Ascheregen die Funkwellen blockiert. Damit sind unsere beliebten Smartphones als Erste tot. Dasselbe gilt für Rundfunksysteme oder Funksysteme der Rettungsdienste.

- Trinkwasserversorgungssysteme sind bedroht. Dies nicht einmal sosehr wegen der unmittelbaren Gefahr der Kontamination, sondern wegen des hohen zusätzlichen Wasserbedarfs zum Reinigen der Städte und der Infrastruktursysteme von der Vulkanasche.
- Abwassersysteme sind bedroht durch Kontamination mit der Asche und dem nachfolgenden Ausfall der Reinigungssysteme sowohl maschineller als auch bakterieller Art.
- Hausdächer können durch das enorme Gewicht der Vulkanasche einstürzen.
- Natürliche Wasserwege können auf die gleiche Weise wie die städtischen Wasserversorgungsnetze beeinträchtigt werden.
- Vulkanasche wird die Wassertrübung erhöhen und so die Lichtmenge senken, die bei Wasserpflanzen ankommt, worauf auch diese in ihrem Wachstum gehemmt werden. Bei Fischen und Schalentieren kann eine hohe Trübung auch Auswirkungen auf die Fähigkeit der Fischkiemen haben, gelösten Sauerstoff zu absorbieren.
- Zudem wird eine Versauerung des Wassers eintreten, welche dann weitere negative Auswirkungen auf die Tier- und Pflanzenwelt hat.
- Fluoridbelastungen können auftreten, wenn die Asche

in hohen Konzentrationen fällt.

- Der saure Charakter der Asche führt auch zu einem erhöhten Schwefelgehalt im Boden, der dann eine Senkung der Verfügbarkeit von lebenswichtigen Mineralstoffen nach sich zieht, sodass Pflanzen auch dadurch beeinträchtig werden oder nicht überleben.
- Junge Wälder mit Bäumen unter 2 Jahren sind am meisten gefährdet und werden wahrscheinlich durch Ascheablagerungen zerstört werden.

Vulkanasche hat also insgesamt eine überaus schädigende Auswirkung auf die Umwelt.

4.3 Zurück auf null. Was heißt das?

Im Kontext eines „Zurück-auf-null"-Szenarios ist eine erste entscheidende Frage aus heutiger Sicht zunächst die, welche Bevölkerung gegen die Auswirkungen eines Supervulkan-Ereignisses robuster wäre: diejenige aus der Phase 75 000 Jahre vor unserer Zeit, die aus regionalen Selbstversorgern bestand und die auf ein Logistiksystem nicht angewiesen war, oder wir in unserer heutigen Epoche, die wir, sobald die Supermarktregale leergekauft wären und kein LKW mehr liefern kann, kaum wüssten, was zu tun ist, außer zu hungern und zu sterben oder andere zu überfallen, die noch Vorräte haben. Letzteres würde mit Sicherheit nicht ausbleiben.

Es soll also an dieser Stelle erörtert werden, wie weit eine große Katastrophe die Menschheit zurückwerfen würde. Dazu stellen wir uns vor, dass ein zehnjähriger vulkanischer Winter eine unvorbereitete Menschheit trifft.

Die Konsequenzen wären in der Tat desaströs, denn es würde sich zeigen, dass unsere moderne Welt durch Lobbys und einflussreiche Wirtschaftszweige als Monokultur dasteht, die zwar im Friedensfall und bei schönem Wetter hocheffizient ist, insofern als sie den entsprechenden Industrien und ihren elitären Zirkeln ihren ethisch wertlosen Reichtum verschafft, die aber im Kriegsfall beziehungsweise im ersten schweren Sturm das typische Merkmal aller Monokulturen zeigt, nämlich dann sehr leicht und in verheerendem Ausmaß verwundbar zu sein.

Wie konkret dieses Risiko ist, lässt sich am Beispiel des Güterverkehrs klarmachen: Wenn ein Supervulkan wie die Yellowstone-Caldera in den USA ausbricht, dann wird die Versorgung des gesamten Landes mit Nahrung und Kraftstoffen sofort und auf der gesamten Fläche Nordamerikas zusammenbrechen. Es gehört nicht viel Fantasie dazu, sich die Folgen auszumalen, und der zuvor zitierte BBC-Film visualisiert die Katastrophe auch diesbezüglich überzeugend.

Die elektrischen Verteilernetze werden ebenfalls nicht mehr funktionieren, dazu die gesamte von Funksignalen abhängige Kommunikationstechnik.

In den anderen Regionen der Welt wird das Problem langsamer anwachsen, weil die Verkehrs- und ein Teil der Kommunikationssysteme zunächst intakt bleiben. Inwieweit jedoch der Ausfall aller in Nordamerika befindlichen Server das Internet auch global lahmlegt, bleibt abzuwarten.

Die Lage wird sich jedoch nach den ersten Tagen auch auf den anderen Kontinenten dramatisch verschlechtern. Zwar können zunächst Lagerbestände geleert werden, da LKWs vorerst noch fahren. Durch das infolge der großen Kälte und Dunkelheit weltweit zusammenbrechende Pflanzenwachstum wird es jedoch keine Auffüllung der Lagerbestände mehr geben. Nachdem die Bestände aufgebraucht sind – und das dürfte nur eine Frage von Wochen sein – wird es eng. Und zwar für fast alle, ganz gleich wo auf dieser Erde sie leben.

Die besten Chancen haben dann die Menschen, die am wenigsten von der Asche beeinflusst sind, die in den wärmsten Gegenden leben, in denen eventuell auch im vulkanischen Winter noch ein wenig Pflanzenwachstum möglich sein wird, und die noch eine einfache Landwirtschaft betreiben und quasi Selbstversorger sind.

So oder so wird aber die Gefahr extrem hoch sein, dass nach einem Supervulkan-Ausbruch binnen weniger Tage so große Teile der globalen Bevölkerung vom Tod bedroht sind, dass damit dramatische Teile des weltweiten Hochtechnologie-Knowhows ebenfalls irreversibel verlorengehen.

Nehmen wir als ein Beispiel die Fertigung von Mikrochips. Wenn einige Chipfabriken durch die Vulkanasche und die Energieausfälle technisch ruiniert und andere menschenleer sind und stillstehen und die, die sie bedienten, tot sind, wer sollte dann nach Jahren oder Jahrzehnten, vielleicht sogar nach Jahrhunderten, diese hochkomplexe Technik erneut und auf einem Niveau wie vor der Vulkankatastrophe wieder anfahren?

Es gehört auch hier nicht viel Fantasie dazu, sich auszumalen, dass die Menschheit auf Jahrhunderte oder gar Jahrtausende in eine frühere Zeit zurückfallt, die allenfalls mit dem Mittelalter gleichzusetzen wäre.

Die einzige Chance, die wir haben, besteht also tatsächlich darin, nicht abzuwarten, bis der erste Supervulkan hochgeht oder eine andere der entsprechend schwerwiegenden Katastrophen uns unvorbereitet trifft, sondern endlich zu zeigen, dass wir die Intelligenz von Mikroben übertreffen, die fressen, was da ist, und wenn es weg ist, sterben. Bisher machen wir es genau so, und genau da liegt der Hebel: Wir müssen die Zeit nutzen, bevor die Zeitfalle zuschnappt. Es ist die einzige Zeit, die uns zur Verfügung steht. Danach wird es keine Optionen mehr geben.

Teil II
Die Grüne Zone

5. Erste Lösungsansätze auf der Erde

Einem direkten Sprung vom gegebenen Katastrophenrisiko-Szenario zur einer goldenen Epoche, die insbesondere auch eine Eroberung des Weltraums einschließt, würde ein entscheidender Zwischenschritt fehlen: der des planetaren Aufbruchs hin zu einer globalen Gemeinschaft, die in den zuvor beschriebenen Risiken ihr neues gemeinschaftliches Feindbild erkennt und sich der einzigen Herausforderung stellt, die sie gesamtheitlich hat: als Spezies für ihr Überleben zu sorgen.

Dazu zeichnen sich konkret die drei folgenden spezifischen Herausforderungen ab:

- Erarbeitung eines gemeinschaftlichen Wissens und Bewusstseins für die Lage, in der wir uns befinden, und für die Herausforderungen, denen wir uns stellen müssen.
- Entwicklung neuer technischer Lösungen zur unterbrechungsfreien und langfristigen Versorgung mit Energie, zur Sicherstellung der Mobilität von Personen und Waren und zur Bereitstellung von Wasser, Nahrung und Informationen, und zwar langfristig und sicher und eben auch dann, wenn eine große Katastrophe zugeschlagen hat.
- Nachrüstung vorhandener Industrien derart, dass sie in

der Krise weiter betriebsfähig bleiben – das heißt primär, dass sie gegen Vulkanasche geschützt sind und im vulkanischen Winter geheizt werden können.

Verbunden damit wäre die Umsetzung der erarbeiteten neuen technischen Lösungen und der Nachrüstungen im globalen Maßstab.

An diesen Herausforderungen kommt unsere Zivilisation nicht vorbei, wenn sie langfristig überleben will. Die Frage allein ist, wer sich letztlich in die Erarbeitung und Umsetzung von Lösungen einbringen wird und wer nicht. Und so kann man neben einem Bild, dass alle sich verbünden und Schulter an Schulter gemeinsam marschieren, auch zu dem alternativen Szenario kommen, dass die Regionen beziehungsweise Nationen, die nicht mitmachen werden, durch das nächste x-Event ausgelöscht werden, während die, welche sich darauf vorbereiten, danach ihre Kinder auf dem gesamten Planeten werden ansiedeln können.

Die Evolution unserer eigenen Spezies wäre damit weiterhin in vollem Gange, und die Natur bliebe ihr Motor.

5.1 Bewusstseinsbildung

Das Wort der „Bewusstseinsbildung" hat im Sinne seiner beiden Wortbestandteile des „Bewusstseins" und der „Bildung" einen besonderen Charme.

Dieser Charme kann jedoch schnell verfliegen, wenn man sich als eine der Parameter jener neuen Bewusstseinsbildung die gnadenlose Härte der Natur vor Augen führt. Insofern mag man als objektivierender Beobachter zu dem berechtigten Schluss kommen, dass zurückbleiben mag, wer zurückbleiben will. Wer ein auf den aktuellen wissenschaftlichen Erkenntnissen basierendes Risikobewusstsein und alle sich daraus zwangsweise ergebenden Konsequenzen ignoriert, wird als Verweigerer des Notwendigen ebenso wie als Ignorant der Tatsachen zum geistigen Neandertaler, und er wird wie sein prähistorischer Vetter untergehen, um denen Platz zu machen, die nicht nur körperlich, sondern auch geistig auf der Höhe des aufgeklärten Homo sapiens stehen.

Dieses Szenario der Wege in die Zukunft der Menschheit ist nicht der Ort und die Zeit für ideologische Spielchen. Vielmehr mag es im Sinne der zuvor im Buch bereits angemahnten klaren Ansagen als die Realität der Fakten verstanden werden, wenn hier im Sinne der Evolution argumentiert wird.

Wer diese Realität versteht und alsdann die neuen robusten Technologien zu entwickeln und sie im eigenen Wirtschaftsraum hinreichend flächendeckend umzusetzen beginnt, wird dies als Wirtschaftsmotor allererster Güte erkennen. Und da zudem jene neuen Technologien bereits im Vorfeld ihre Überlegenheit ausspielen werden, wenn zunächst noch gar keine große Katastrophe eintritt, wird sich jener Teil der Welt, der in eine neue Bewusstseinsbildung aufbricht, auch von daher sehr deutlich vom restlichen absetzen.

Anzunehmen, die Menschheit ließe sich vereinen und würde alsdann brüderlich einem gemeinsamen hehren Ziel zustreben, ist womöglich ebenso naiv wie der Glaube, man könne alle religiösen Fanatiker dieser Welt auf den Stand eines aufgeklärten Menschen vom Stande Voltaires oder Kants anheben. Am Ende wird sich ohnehin durchsetzen, was die größere Zukunftsfähigkeit zeitigt, und untergehen, was sich nicht anpassen kann.

5.2 Erarbeitung der neuen planetaren Lösungen

Die zu lösenden Aufgaben bestehen zunächst vor allem in der Sicherstellung entscheidender Funktionen der Infrastruktur:

- Energieversorgung,
- Mobilität,
- Wasserversorgung,
- Nahrungsversorgung,
- Informationsaustausch und
- Weiterfunktionieren existierender Betriebe.

Im Folgenden soll je Aufgabe zumindest ein sicher gangbarer Weg aufgezeigt werden.

Zur Energieversorgung sei noch einmal auf den Aufbau der Erde verwiesen: Im Inneren der Erde ist eine gigantische Menge Energie in Form von Wärme gespeichert. Allein die oberen 10 km der Erdkruste enthalten mit rund 10^8 Exajoule (EJ) das Potenzial, den gesamten aktuellen Energieverbrauch aller Staaten mehr als hunderttausendfachfach abzudecken.[17]

Nun ist die Erdenergie nicht leicht im großen Stil abzugreifen, und doch sind geothermische Kraftwerke Stand der heutigen Technik. Nur, bauen müsste man sie, und das in hinreichender Zahl und Kapazität und an geeigneten Stellen,

---

[17] Siehe http://www.geothermie.de/wissenswelt/geothermie/einstieg-in-die-geothermie/ursprung-geothermischer-energie-und-geothermischer-gradient.html (15.11.2016).

an denen ihre begrenzten Risiken wie das Freisetzen von Spannungen in kleineren Erdbeben oder das Eindringen von Wasser in Erdschichten, in denen es bisher nicht vorhanden war, tragbar sind.

Warum der Geothermie eine Schlüsselrolle zukommen kann? Solarkraftwerke werden in der Dunkelheit einer verstaubten Atmosphäre so lange nicht funktionieren, bis die Atmosphäre wieder aufgeklart ist. Windkraftwerke und ihre Turbinen müssten erst gegen Vulkanasche gesichert werden. Das wäre technisch durchaus möglich; darüber hinaus jedoch ist die Vorhersagbarkeit der Windverhältnisse für einen vulkanischen Winter weitaus unsicherer als die Berechenbarkeit der Erdwärme, auch mit nachgeschalteter Stromerzeugung, und die hohe Unabhängigkeit derselben von äußeren Einflüssen auch im Katastrophenfall.

Revolutionäre sehr kleine dezentrale Kernkraftwerke können auch eine große Rolle spielen, da sie in autonomen Einheiten betrieben werden können, die im Vorfeld einer Katastrophe so in der Erde versenkt werden, dass sie gegen Angriffe ebenso sicher sind wie gegen die schädlichen Auswirkungen einer Kernschmelze oder die beschriebene globale Katastrophe.

Wir übernehmen die nachfolgenden Informationen zu solchen Kleinkraftwerken sinngemäß aus einem Schweizer Online-Magazin.[18]

---

[18] Liberales Institut, Edgar L. Gärtner: "Das Atomzeitalter ist noch lange nicht zu Ende", http://www.libinst.ch/?i=das-atomzeitalter (15.11.2016).

Kein Geringerer als Bill Gates leitet neben der Bill and Melinda Gates Foundation als größter privater Stiftung der Welt auch die kleine Start-up-Firma TerraPower. Das Unternehmen arbeitet an einem sicheren Mini-Kernreaktor, der mitsamt Brennstoff tief in der Erde vergraben oder auf Schiffen installiert werden kann. Dort könnte er wartungsfrei fünfzig bis hundert Jahre lang arbeiten.

Und TerraPower steht mit seiner Idee, hochsichere Mini-Atomkraftwerke zu entwickeln, nicht allein da. Zuvor stellte schon Professor Craig F. Smith, Inhaber des Lehrstuhls am Lawrence Livermore National Laboratory in Monterey, Kalifornien, den Small Secure Transportable Autonomous Reactor (SSTAR) vor, bei dem flüssiges Blei als Kühlmittel dienen soll. Blei hat gegenüber dem sonst favorisierten Natrium den Vorteil, dass es nicht brennen kann und obendrein Radioaktivität schluckt. Ein Wärmetauscher überträgt die Energie vom flüssigen Blei auf Kohlendioxid (CO_2), das eine Gasturbine antreibt. Eine katastrophale Kernschmelze ist bei diesem Reaktortyp ganz ausgeschlossen.

Smith weist darauf hin, dass bereits 15 Länder bei der Internationalen Atomenergie-Behörde IAEA in Wien insgesamt 50 ähnliche Reaktorkonzepte angemeldet haben.

Toshiba verfolgt das SSTAR-Konzept konkret. Schon relativ weit soll dabei die Entwicklung eines transportablen Klein-Reaktors von 10 Megawatt Leistung gediehen sein. Toshiba arbeitet dazu eng mit der russischen Staatsholding Rosatom zusammen.

Die Russen haben sich selbst auf den Bau schwimmender „Brüter" mittlerer Kapazität spezialisiert. Am 30. Juni 2010 fand in der baltischen Werft in St. Petersburg der Stapellauf des ersten schwimmfähigen Kernkraftwerks Akademik Lomonossow statt. Die Barke mit zwei modularen Kompakt-Reaktoren soll ab 2018 – diese Zahl stammt aus einer aktuelleren Quelle – die schlecht zugängliche Siedlung Viljuchinsk auf der Halbinsel Kamtschatka von der See aus mit Strom versorgen.

Rosatom möchte offenbar den Bau modularer schwimmfähiger Kernreaktoren zu einem funktionierenden Geschäftsmodell ausbauen. Die Staatsholding sieht große Exportchancen für schwimmende Kraftwerke in Asien, Lateinamerika und Nordafrika; denn die Metropolen der Schwellenländer befinden sich meistens an der Küste. Neben der Stromversorgung könnten schwimmende Kernkraftwerke auch gut als Energiequelle für die Meerwasser-Entsalzung dienen.

Mancher Experte sieht im Bau modularer Mini-Kernkraftwerke erst den richtigen Beginn des Atomzeitalters. Denn im Unterschied zu Großreaktoren können diese Kleinsysteme relativ preisgünstig in Serie hergestellt und überallhin transportiert werden.

Die Kleinreaktoren können auch so gebaut werden, dass sie mit passiver Kühlung auskommen und ihr kompakter Kern für die Nutzer dauerhaft unzugänglich bleibt. Der Kern lässt sich in eine Kassette einschweißen, die nur als Ganzes ausgetauscht werden kann. Während bis heute nur 30 der etwa zweihundert Länder der Erde über Kernreaktoren verfügen, kann die Atomenergie in Form von Kleinreaktoren für alle zugänglich und erschwinglich werden.

Aber auch die zuvor angesprochene Geothermie kann beziehungsweise sollte eingesetzt werden, zumal sie länger anhaltend Energie bereitstellen kann, auch über mehrere Jahrhunderte und Jahrtausende.

Zum Sicherstellen der Mobilität müssen vor allem hocheffiziente Systeme geschaffen werden; denn Energie wird in der Katastrophe ein noch knapperes Gut sein als zuvor, und der Bedarf an Mobilität wird dramatisch zunehmen, allein schon deshalb, da gegebenenfalls hunderte Millionen Menschen aus dem Kern-Gefahrenbereich evakuiert werden müssen.

Verkehrsstraßen müssten zu großen Teilen in Tunneln oder oberirdisch in geschlossenen Röhren verlaufen; denn nur Tunnelstrecken sind gegen den Ascheregen immun.

Was die Wasserversorgung angeht, müssten Wassergewinnungssysteme erschlossen werden, die durch Vulkanasche nicht kontaminiert oder blockiert werden, und für die Nahrungsmittelerzeugung bedarf es einer gigantischen Kapazität an ascheresistenten Gewächshaus-Farmen, die über die krisensicher bereitgestellte Energie ihr Pflanzenwachstum mit LED-Licht sicherstellen, und das im gesamten zehnjährigen vulkanischen Winter.

Diese Technologien und Systeme aufzubauen, und das weltweit, wäre außerdem das beste, mächtigste, sinnvollste und wirksamste Konjunkturprogramm aller Zeiten.

Teil III
Die Goldene Zone

6. Die nächste Stufe

Der russische Astrophysiker Nikolai Kardaschow schlug 1964 erstmals eine Unterteilung beliebiger Zivilisationen im All in unterschiedliche Entwicklungsstufen vor. Diese ordnet denkbare Zivilisationen, egal wo sie beheimatet sein mögen, auf einer Skala von 0 bis 4 ein. Die Unterschiede zwischen den Stufen liegen dabei in den unterschiedlichen Graden technischer und wissenschaftlicher Fähigkeiten, die diese Zivilisationen erreichen. Festgemacht wird die Unterscheidung jedoch zunächst an der Menge der Energie, die sich die jeweilige Zivilisationsstufe erschließt.

Die Einteilung basiert im Wesentlichen auf folgenden Merkmalen:

- Zivilisationsstufe 0: Noch keine direkte Nutzung des Sonnenlichts als Energiequelle.
- Zivilisationsstufe I: Direkte Nutzung der Energie des Sonnenlichts, das auf den Planeten fällt.
- Zivilisationsstufe II: Nutzen der gesamten Sonnenenergie des Planetensystems.
- Zivilisationsstufe III: Nutzung der Energie einer Galaxis, das heißt in der Praxis, der Energie von Milliarden von Sternen.
- Zivilisationsstufe IV: Spekulativ. Eine nochmals um einige Zehnerpotenzen höhere genutzte Energie könnte zum Beispiel aus exotischen Quellen, wie zum Beispiel aus der dunklen Energie und/oder aus dunkler Materie bezogen werden.

Innerhalb dieser Skalierung befindet sich die heutige Menschheit Anfang des 21. Jahrhunderts noch irgendwo innerhalb der Zivilisationsstufe 0 bis 1. Ob ein Sprung auf die Stufe 1 bis 2 innerhalb der nächsten ein bis zwei Jahrhunderte möglich ist, bewerten die Wissenschaftler unterschiedlich.

Kardaschows Einstufung ist die einzige zu diesem Thema, die es bis heute zu einer gewissen Verbreitung gebracht hat. Dennoch ist hier ein kritischer Hinweis angebracht: Die primäre Ankoppelung von Zivilisationsstufen an ihren Energiebedarf oder an ihren Energieumsatz scheint bei genauerer Betrachtung nicht nur altbacken, sondern nachgerade gefährlich. Sie erinnert an die gesetzte Definition einer Erdöl fördernden Epoche, die umso glücklicher ist, je mehr Öl sie verbrauchen kann. Der Fehler der Definition liegt aber darin, dass eine Zivilisation, die mit weniger Ressourcen mehr erreicht, einer anderen überlegen sein dürfte, die zum Erreichen derselben Ziele mehr Energie verbraucht. Die Schaffung von Handlungsspielräumen ist das entscheidende Kriterium – und die Effizienz, mit der dies gelingt.

Der Energiebedarf einer hochentwickelten Zivilisation mag zwar steigen, womöglich sogar in erheblichem Umfang. Er mag aber auch sinken, und es erscheint geradezu kontraproduktiv, ausgerechnet den höchstmöglichen Energiebedarf als Gütesiegel zu nehmen. Entscheidend sollte ganz im Gegenteil allein das sein, was eine Zivilisation mit dem optimalen Verbrauch seiner Ressourcen bewerkstelligen kann.

Ein alternativer Vorschlag der Zivilisationsstufen lautet demnach:

- Zivilisationsstufe 0: Besiedelt nur ihren Heimatplaneten.
- Zivilisationsstufe I: Besiedelt das heimische Planetensystem dauerhaft und jeweils autonom.
- Zivilisationsstufe II: Besiedelt mehrere Planetensysteme.
- Zivilisationsstufe III: Besiedelt mehrere Galaxien.
- Zivilisationsstufe IV: Spekulativ. Besiedelt mehrere Universen.

Jede Zivilisationsstufe enthält Entwicklungen auf allen Gebieten des Handelns, zum Beispiel planetare Ökonomie, hoher Lebensstandard, lebenswertes menschliches Leben, medizinische Fortschritte, wissenschaftliche Erkenntnisse aller Art, Überwindung von Kriegen, Raumfahrt in Licht- oder Überlichtgeschwindigkeit, planetare und galaktische Informationen, Erforschung der Galaxien, künstliche Intelligenz, relative Unsterblichkeit.

Der Übergang zwischen unserer gegenwärtigen Typ-0-bis-1-Zivilisation in eine zukünftige Typ-1-bis-2-Zivilisation ist der wichtigste Schritt in der Geschichte der Menschheit. Es ist ihr Übergang von einer im Katastrophenfall wehrlosen und vom Aussterben bedrohten Art in eine Spezies, die sich im Rahmen der Lebensdauer des Universums unsterblich macht. Dieser Übergang wird darüber entscheiden, ob die menschliche Gesellschaft weiterhin blüht und gedeiht oder ob sie an ihrer eigenen Ignoranz und Inkompetenz zugrunde gehen wird.

Der Übergang ist so außerordentlich gefährdet, weil wir,

wie zuvor geschildert, noch immer die krokodilähnliche Reflexartigkeit und Wildheit in uns tragen, die wir im Sumpf der Vorzeit zum Überleben brauchten, die aber heute längst zur Bedrohung unserer weiteren Entwicklung geworden ist. Schaut man unter die eleganten Hüllen der Zivilisation, so stellt man fest, dass weiterhin Kräfte wie Fundamentalismus, Sektierertum, Rassismus, Intoleranz am Werk sind, und das in bedrückendem Ausmaß. Die menschliche Natur hat sich seit der ersten Entstehung des Homo sapiens nicht grundlegend gewandelt; der einzige Unterschied ist der, dass wir heute über nukleare, chemische und biologische Waffen verfügen, um die alten Krokodilkämpfe in noch größerem Maßstab und mit noch größerer Brutalität auszufechten.

Wenngleich die grundlegende Systematik auf dem Energiebedarf einer Zivilisationsstufe beruht, ist die praktische Konsequenz des Überganges auf den Bereich der Zivilisationsstufen 1 bis 2 eine ganz andere: Es ist nämlich, so wie es der alternative Abstufungsvorschlag nahelegt, die beginnende Besiedelung des Weltraums.

6.1 Besiedelung weiterer Planeten

Wenn man sich die Logik der irdischen Risikoszenarien und die Merkmale der Zivilisationsstufen ansieht, die es zu erreichen gilt, so ist die Raumfahrt in intergalaktischen Dimensionen der alles entscheidende Schlüssel der Menschheit zur Absicherung ihrer langfristigen Zukunft. Wenn Menschen es schaffen, zunächst im eigenen Sonnensystem andere Monde und Planeten zu besiedeln und alsdann die Besiedlung anderer Sonnensysteme zu erreichen, dann und erst dann ist das langfristige Überleben der Menschheit gesichert.

Holen wir jedoch auch hier etwas weiter aus: Es gibt nämlich zum Erreichen jedes Weltraumzeitalters eine entscheidende Plattform, und das ist die Sicherheit und Stabilität des Lebens auf unserem Heimatplaneten. Nur wenn unser Leben hier maximal abgesichert und die jeweils erreichte Zivilisationsstufe so erfolgreich verteidigt wird, dass ein Rückfall in die Steinzeit ausgeschlossen ist, erst dann wird dadurch die Startrampe geschaffen, die eine Raumflug-Epoche und damit die Besiedlung anderer Planeten einst möglich machen wird.

In der Science-Fiction-Literatur, etwa bei *Star Trek*, ist die Besiedlung neuer Planeten relativ einfach: Ein Siedlungsraumschiff mit Menschen fliegt mit Überlichtgeschwindigkeit in ein neues Sonnen- und Planetensystem, meist innerhalb nur weniger Stunden, und die Menschen an Bord werden auf den neuen Planeten heruntergebeamt und könnten ihn bei Bedarf auch besiedeln.

Doch so einfach geht das in der Realität nicht: Eine Überschreitung der Lichtgeschwindigkeit ist in der heute gültigen wissenschaftlichen Welt, gründend auf Albert Einsteins spezieller Relativitätstheorie, nicht nur unerreichbar, sondern prinzipiell unmöglich. Es gibt Modelle, gemäß derer der Raum künstlich verformt und das im Verformungsbereich befindliche Raumschiff wie auf einer Raumkrümmungs-Welle surfend Überlichtgeschwindigkeit erreichen könnte. Das Problem bei dieser Variante ist aber der erforderliche Energiebedarf, den man ebenso berechnen kann wie die Geschwindigkeit. Dieser liegt bei einem Vielfachen dessen, was selbst eine ganze Galaxis unter Berücksichtigung der Kernfusion oder Einsteins berühmter Formel $E = mc^2$ überhaupt bereitstellen könnte. Von daher scheint die Natur dem überlichtschnellen Reisen tatsächlich einen Riegel vorgeschoben zu haben. Zumindest wie es die heutige Physik annimmt und wie es bislang durch alle, auch die jüngsten Experimente, und seien sie an Neutrinos oder in Teilchenbeschleunigern ausgeführt, bestätigt wurde.

Man erkennt die fundamentale und langfristige Gültigkeit von Einsteins Physik vielleicht am besten daran, dass die Gravitationswellen, die er zu Anfang des 20. Jahrhunderts voraussagte, erst einhundert Jahre später nachgewiesen wurden, übrigens während der Entstehung dieses Buches.

Es soll deshalb hier Abstand davon genommen werden, rein hypothetische Annahmen zu tätigen. Würden wir bloßen Hypothesen unsere Aufmerksamkeit schenken, könnten hier alle möglichen Schein-Optionen diskutiert werden, und die Folge wäre, dass uns die Aufmerksamkeit für die Dinge abhandenkommt, die tatsächlich möglich sind und die daher unserer vollen und sofortigen Aufmerksamkeit bedürfen.

Sicherlich bleiben im langfristigen Horizont der Ziele, die man einst erreichen möchte, Hypothesen und sogar Wunschträume für alle Zeit von hoher Bedeutung, und zwar als Motivation kommender Forschergenerationen, die Horizonte der naturwissenschaftlichen Erkenntnisse immer weiter auszuweiten. Aber es ist ein gravierender Unterschied, ob ein Forscher eine fantasievolle weitgreifende Hypothese ansetzt und dieser als Forschungsziel nachspürt oder ob jemand zur Bewältigung eines praktischen Problems mit einer reinen Fantasielösung daherkommt, die schlicht und einfach nicht verfügbar ist.

Mit anderen Worten muss der Praktiker Hammer und Nägel benutzen, solange nichts Anderes erfunden ist. Der Theoretiker dagegen sollte nicht an Hämmern und Nägeln forschen, sondern an Werkzeugen und Optionen einer neuen Zeit. Erst wenn er diese gefunden hat, kann jedoch der Praktiker auf eine neue Methodik umsatteln, um neue Welten zu erschließen.

Hier liegt wohl der wahre Kern der berühmten Aussage Helmut Schmidts: „Wer Visionen hat, soll zum Arzt gehen." Dies ist die Aussage eines Politikers, der auf sein Umfeld abhebt, und zielt auf Politiker, die in naiver Weise eine idealisierte Welt anstreben, lange bevor die konkreten Lösungen dazu da sind. Für Forscher gilt Schmidts Aussage dagegen definitiv nicht: Hier sollte, ganz im Gegenteil, eher derjenige zum Arzt gehen, der keine Visionen hat.

Bleiben wir also bei den Tatsachen: Wenn es gelingt, mit

etwa fünf Prozent der Lichtgeschwindigkeit zu reisen, dann mag ein Flug zu anderen Welten zwar immer noch mehrere Jahrhunderte dauern, aber er ist theoretisch und damit letztlich auch praktisch durchführbar.

Fassen wir zusammen, was im Kontext des überlebenswichtigen Erreichens einer höheren Zivilisationsstufe bis hierher entscheidend ist, so sind zu nennen: a) die maximale Absicherung des Lebens auf der Erde, b) darauf aufbauend das maximal mögliche Vorantreiben interplanetarer Raumflüge, basierend rein auf den vorhandenen Werkzeugen, und c) eine visionäre Forschung entlang der Korridore, die zur Eroberung interstellarer Räume letztlich erforderlich wären. Den beiden erstgenannten Bereichen widmet sich nachfolgend je ein eigenes Kapitel.

6.1.1 Absicherung des Überlebens auf unserem Planeten auch im Falle erheblicher planetarer Katastrophen

Die Erde ist unser bestes Raumschiff, und sie wird das mit höchster Wahrscheinlichkeit für weitere Jahrtausende, wenn nicht Jahrmillionen bleiben.

Darüber hinaus ist sie der Planet, der uns hervorgebracht hat. Sie ist damit die Vorlage zur Gestaltung weiterer Planeten. Zugleich ist sie in ihrer nur scheinbaren Unempfindlichkeit auch das Lernfeld in Sachen eines vorsichtigen Umgangs mit der Natur, hier ebenso wie auf jedem anderen Planeten bei einer künftigen Ausbreitung der Menschheit im All.

Dabei hat das Bild der Erde auch in diesem Kontext mehrere Facetten: Einerseits ist die Erde selbst ein Raumschiff, und andererseits wird jede kommende Raumfahrergeneration technischer Sternenkreuzer mit hoher Wahrscheinlichkeit großes Glück dabei empfinden, wenn es seinen ursprünglichen Heimatplaneten nicht verliert, sondern diesen immer wieder besuchen oder auch weiterhin dauerhaft bewohnen kann.

Der Blick aus der Raumstation ISS auf die Erde gibt einem eine sehr lebhafte und eindrückliche Vorstellung von diesem Szenario.

Abb. 22: Die Erde aus der Sicht der Raumstation

Wie eine Raumschiffbesatzung alles tun würde, um ihre Reise abzusichern und Gefahren abzuwehren, muss auch die „Besatzung" der Erde erkennen, dass sie an kaum einer Aufgabe dringender arbeiten muss als an der Absicherung des Raumflugs auf ihrem Heimatraumschiff, und dies mit nach innen gerichtetem Blick für den Erhalt des Lebens auf der Erde selbst und auch mit nach außen gerichtetem Blick für die Sicherstellung der stabilen und erfolgreichen Entwicklung einer Flotte von Sternenschiffen, die im ersten Schritt einzig von der Erde aus – oder genauer gesagt, auf der Erde selbst – realisiert werden kann.

Geht die Erde verloren, bevor die ersten Sternenkreuzer verwirklicht sind, die zumindest interplanetare Reisen erlauben, und bevor auf einem anderen Planeten unseres Sonnensystems Bedingungen wie auf der Erde hergestellt sind, dann geht die Menschheit vor dem Erreichen auch nur der Phase I unter.

Das Bild von der Erde als Raumschiff ist dabei nicht nur ein philosophischer Vergleich. Denn wir werden nachfolgend noch feststellen, dass die Erde all das ist und all das hat, das man dem besten langfristig denkbaren technischen beziehungsweise künstlichen Raumschiff ins Pflichtenheft schreiben würde. Für das Raumschiff Erde gilt:

- Es hat eine Gravitation.
- Es erlaubt langfristige Reisen auch über Jahrtausende.
- Es kann seine Mannschaft über Jahrtausende selbst versorgen.
- Es kann Milliarden von Passagieren mitnehmen.

- Es hat eine Schutzhülle gegen eine Vielzahl von Meteoritentreffern (die Atmosphäre).
- Es hat einen Schutzschild gegen harte Sonnenstrahlung (das Erdmagnetfeld).
- Es fliegt mit erheblicher Geschwindigkeit durch das Weltall; zusammen mit der Sonne reist es durch die Heimatgalaxis.
- Es hat eine Energiequelle, die es für Jahrmillionen sicher versorgt.

Das Einzige, was es nicht hat, ist die Möglichkeit, künstlich einen Kurs zu bestimmen. Dennoch bleibt es als Raumschiff das ideale Vorbild: Wenn es gelänge, ein Raumschiff zu bauen wie die Erde, das zudem einen Kursbefehl entgegennehmen und diesen ausführen kann, dann wäre dies das ideale Verkehrsmittel für Reisen im Weltraum.

Womöglich werden sogar die Entwickler der Zukunft feststellen, dass ein Mond, der wie der Planet Erde bewohnbar gemacht und besiedelt wird, das ideale Raumschiff ist und dass die Entwicklung eines Antriebssystems für einen bewohnbaren Mond langfristig praktikabler ist, als einem Raumschiff künstliche Gravitation und einen dauerhaft wirksamen Schutz gegen kosmische Treffer beizubringen – oder, anders gesagt, wie ein Planet zu werden.

Sofern ein Fusionsreaktor den Mond mit Energie versorgen, eine spezielle Atmosphäre, unter anderem mit starker thermischer Isolationswirkung, ihn dauerhaft schützen und eine Biosphäre ihn generationenübergreifend lebenswert machen kann, würde niemand sich daran stören, wenn eine

Reise zu neuen Sternen Jahrhunderte oder Jahrtausende dauert. Das Ziel ist, andere Welten zu besiedeln. Welche Zeitspanne dies in Anspruch nimmt, ist in dem Moment, in dem die Jahrtausendvariante gegenüber dem „schnellen Schuss" diejenige mit der höheren Sicherheit ist, nicht mehr das Leitkriterium. Ganz im Gegenteil wäre dann die langsamere Variante der zweifelsfreie Favorit.

Doch wir sind hier noch nicht im Kapitel Raumflug, sondern vorerst noch bei der Frage des maximalen Schutzes des Raumflug-Startgeländes, mit anderen Worten, unseres Heimatplaneten, der unsere einzige verfügbare Werkstatt für eine langfristige Hochleistungs-Weltraumfahrt ist.

Bleiben wir dabei, was zum Schutz des Planeten benötigt wird, um hier so lange zu überleben und als Zivilisation funktionsfähig zu bleiben, wie dies bis zu dem Zeitpunkt erforderlich sein wird, zu dem die Erde trotz allen wirksam aufgebauten Schutzes letzten Endes aufgegeben werden muss:

- Energie-, Kommunikations- und Mobilitätssysteme, die global einsatzfähig bleiben, auch wenn eine Supervulkan-Wolke den Planeten für Jahre verdunkelt.
- Landwirtschafts- und Meeresfarmen-Systeme, für die eine gleiche Katastrophensicherheit gilt.
- Vorratssysteme, die Puffer schaffen zum Überleben der schwersten Tage und Wochen.
- Politische Systeme, die in schwersten Krisenzeiten den Frieden gewährleisten.
- Finanzsysteme, die auf schwerste Krisen vorbereitet sind.

Zusammenfassend lässt sich sagen, dass der Sicherung unseres Heimatplaneten mit dem perspektivischen Fernziel, diesen technologisch selbst dann am Leben zu erhalten, wenn die Sonne abgebrannt ist, eine hohe strategische Bedeutung zukommt.

Und warum auch nicht? Es stünde der Menschheit gut zu Gesicht, die Einmaligkeit ihres Heimatplaneten zu erkennen und zu wahren und auch dieses Motiv zum Motor der Entwicklung immer leistungsfähigerer technologischer Systeme der Zukunft zu machen.

Das nachfolgende Kapitel über Raumflüge steht dazu nicht im Widerspruch. Im Gegenteil.

6.1.2. Mögliche Entwicklungsleistung für die Realisierung interplanetarer und dann interstellarer Raumflüge

Um ein Überleben der Menschen auf langen Weltraumflügen zu ermöglichen, sind mehrere Varianten vorstellbar.

Bereits in den 1970er Jahren versammelte das NASA Ames Research Center eine Reihe von Künstlern und ließ sie futuristische Bilder eines Generationen-Raumschiffs erstellen, von denen die meisten die Form eines Torus, einer in sich geschlossenen Röhre hatten.

Diese Entwürfe sind bis heute nicht verwirklicht worden, aber sie haben die Fantasie vieler Schriftsteller und Ingenieure angeregt.

Abb. 23: Konzept eines Generationen-Raumschiffs

Eine weitere Möglichkeit wäre die Schaffung eines Raumflug-Himmelskörpers etwa in Form eines besiedelten Mondes, wie im Kapitel zuvor beschrieben. Wenn schon, in Anlehnung an die Kardaschow-Skala, eine Zivilisation die Energie einer ganzen Galaxis nutzen können soll, sollte in diesem Fall die gezielte Beschleunigung, Lenkung und Abbremsung eines bewohnten Mondes oder Planeten eine der leichtesten Übungen sein, ebenso wie dessen Beleuchtung und Beheizung während der langen Reise.

Falls ein über hunderte oder gar tausende von Generationen bewohnbarer Reise-Himmelskörper nicht zur Verfügung steht und falls die Astronauten, die die Erde verließen, das Ziel selbst erreichen sollen, müssen sie große Zeitanteile des Fluges in einem langfristigen Kälteschlaf verbringen. Alternativ oder ergänzend dazu wäre es der Lösung des Problems auch zuträglich, wenn Gentechnik und Medizin so weit voranschreiten, dass das Leben der Menschen deutlich verlängert werden kann.

Eine weitere Alternative wäre die Mitnahme von Embryonen im Kälteschlaf oder von tiefgefrorenen Eizellen und Samenbänken und die Bereitstellung künstlicher Wachstumsapparaturen, um am Zielort die künstliche Geburt von Menschen zu ermöglichen. Dies bedingt in hohem Maße auch künstliche Intelligenz, um die KI-Systeme die Menschen begleiten, beschützen und dann auch erziehen und ausbilden zu lassen. Dies hat, nebenbei bemerkt, auch komische Aspekte; denn ein künstlich intelligenter Roboter, der an einer Gruppe pubertierender Jugendlicher verzweifelt, könnte in der Tat die Vorlage für eine Science-Fiction-Komödie liefern. In jedem Fall ist die Unterstützung durch KI-Systeme unterwegs und am Zielort erforderlich, um neue Planeten zu besiedeln. Die Besiedlung neuer Planeten ist dabei so vielschichtig und so interessant, dass wir ihr im Anschluss noch ein eigenes Kapitel widmen.

Um zu anderen Planeten in fremden Sonnensystemen zu reisen und dortige Planeten zu besiedeln sind weiterhin Raketenantriebe nötig, die zumindest etwa ein Prozent der Lichtgeschwindigkeit erreichen können. Dies entspricht 3000 Kilometern pro Sekunde und würde erlauben, eine Entfernung von der Sonne zur Erde in gut 13 Stunden zurückzulegen. Die Reise zum nächstgelegenen Stern Alpha Centauri würde dann aber immer noch über 430 Jahre benötigen.

Außerdem müssen folgende Anforderungen erfüllt sein:

- Ausreichend Treibstoffvorräte, entweder an Bord, was letztlich einen Fusions- oder einen hypothetischen Antimateriereaktor erfordern würde, oder durch Einfangen von Energie, die von der Erde oder aus der Erdumlaufbahn heraus gesendet wird, etwa per Laser.[19]
- Gute Stabilität und Strahlenabdichtung des Raumschiffs, um sicher genug gegen kosmische Strahlung oder kleine Partikel zu sein.
- Künstliche Schwerkraft etwa durch Rotation bei möglichst großem Radius oder durch hypothetische künstliche Schwerkraft.
- Hinreichend genau erforschte planetare Ziele im Ziel-Sonnensystem.
- Die Raumschiffgröße muss es erlauben, genug Ausstattung sowohl für die gesamte Reise als auch für die Neu- beziehungsweise Erstbesiedlung von Planeten mitnehmen zu können.
- Sichere Aufbewahrung von tierischen Embryonen, um auch andere Spezies neu anzusiedeln.
- Intelligente Roboter für Wartungs- und Neubaumaßnahmen.

---

[19] Holger Dambeck: "Wie Stephen Hawking ein Mini-Raumschiff mit Lasern zu den Sternen schicken will." http://www.spiegel.de/wissenschaft/weltall/stephen-hawking-und-juri-milner-wollen-sonde-zu-alpha-centauri-schicken-a-1086903.html (15.11.2016).

- Abwehr von Hindernissen oder Gegnern aller Art; das heißt auch, Bereitstellung einer Bewaffnung, die im All funktioniert (zum Beispiel Laserwaffen).

Die Liste ist längst nicht vollständig. Sie zeigt aber auf, welche Bandbreite und welches hohe Niveau die Anforderungen haben. Es lägen, vergleicht man es mit dem Apollo-Mondflugprogramm der NASA, gewaltige Chancen auch für das rein irdische Leben in solchen weit gesteckten und konkret angegangenen Zielen. Wie wenige Politiker diese Chancen derzeit erkennen, ist nachgerade erschreckend.

6.1.3. Parameter bei der Besiedlung neuer Planeten

Eine neue Erde benötigt eine Übereinstimmung mit den Zuständen auf unserem Heimatplaneten in etwa einhundert Parametern, um erdähnliche Voraussetzungen vorzuweisen und damit ein Überleben überhaupt zu ermöglichen. Dazu zählen unter anderem wichtige Faktoren wie Atmosphäre und deren Masse, Druck und Zusammensetzung, das Vorhandensein von Trinkwasser und fruchtbarem Boden, die richtige Temperatur und Sonneneinstrahlung, Magnetfelder zum Schutz vor kosmischen Strahlen, die passende Gravitation und zahlreiche weitere Aspekte. Es könnte sehr gut sein, dass Menschen auf einem neu besiedelten Planeten zunächst weit überwiegend in geschützten Gebäuden leben müssen, bevor die geeigneten Lebensumstände durch Kultivierung des neuen Planeten, sogenanntes Terraforming, in hinlänglichem Maße geschaffen werden können.

Im schlimmsten Fall drohen Auseinandersetzungen sogar mit fremdartigen Wesen. Hier wird die Frage nach einer kosmischen Ethik laut, die vorschreiben könnte oder sogar sollte, dass nur solche Planeten besiedelt werden, die zu ihrer Besiedlung keiner Kriege bedürfen.

Es ist auch denkbar, dass die Menschen lange Zeit in künstlichen Raumstationen leben werden und zunächst nur die Ressourcen des Planetensystems nutzen.

6.2 Lebensformen im Weltall

Das Weltall verfügt über Milliarden Galaxien. Dazu gehört als unsere Heimatgalaxis die Milchstraße. Jede Galaxis verfügt wiederum über Milliarden Sonnen, und fast jede von ihnen hat, so weiß man heute bereits, eigene Planeten. Resultierend aus dieser gewaltigen Anzahl von Welten verfügt unser Universum über einen gigantischen Vorrat an Materie, der in geeigneten planetaren Evolutionsprozessen Lebensformen aller Art und unterschiedlichster Intelligenzgrade auf etlichen Planeten der Sonnensysteme in den zahllosen Galaxien hervorbringen kann. Da jedoch die Beweise dafür bisher fehlen, ist diese Überlegung auch bei Wissenschaftlern bislang eine reine Glaubensangelegenheit.

In den nächsten Jahrzehnten und Jahrhunderten dürfte sich durch weitere Beobachtungen und Erkenntnisse die Vorstellung des Lebens nicht nur auf der Erde, sondern im gesamten Weltall präzisieren. Dennoch bleibt bis zur eindeutigen Beweisführung die Basis der Betrachtung spekulativ.

Denkbar ist – und vielleicht ist es sogar der wahrscheinlichste Fall –, dass intelligentes Leben im Universum bereits seit Milliarden von Jahren vorhanden ist. Wenn es einige dieser Lebensformen geschafft haben sollten, eine Zivilisation aufzubauen, die sich nicht selbst wieder zerstört, sondern die sich über Jahrtausende oder sogar über Jahrmillionen weiter und weiter entfaltet hat, dann wäre vermutlich deren kultureller und wissenschaftlich-technischer Vorsprung für uns

Menschen selbst dann nicht einholbar, wenn wir unsere Zivilisation auf der Erde stabilisieren und so unsere nächsten Jahrtausende erfolgreich bestreiten.

Kosmische Zeitmaßstäbe sind einfach zu lang, als dass sich quer durch das ganze Universum alle möglichen Lebensformen zeitgleich auf ähnlichem Niveau entwickeln könnten.

Nimmt man also die Existenz von höher entwickelten Lebensformen an, so bedeutet das für uns Menschen unter Umständen dennoch etwas Gutes; denn diese Lebensformen wären nicht darauf angewiesen, uns zu besiegen, und sie wären sich – dies wäre ein Zeichen ihrer hohen Reife – der Schutzbedürftigkeit des auf der Erde lebenden intelligenten Tieres namens Homo sapiens bewusst. Diese bemerkenswerte Spezies, die man da auf dem Planeten namens Erde entdeckte, würde studiert und beobachtet, aber nicht vernichtet.

Krieg droht dagegen mit Zivilisationen, die selbst noch Kriege führen, was gleichbedeutend damit wäre, dass sie sich nicht deutlich höher entwickelt hätten, als die Menschheit es bisher tat. Insofern hätten wir dann auch eine gewisse Chance, auch im Konfliktfall nicht unterzugehen, da wir möglicherweise ähnlich gut bewaffnet wären.

Die Aussichten interstellarer oder intergalaktischer Begegnungen unterschiedlicher Lebensformen sind also nicht zwangsweise gleichbedeutend mit unserem Untergang.

Für die Menschheit wäre das Ziel lohnend, selbst das Niveau zu erreichen, auf dem Konflikte vermieden oder, wenn sie noch auftauchen, nicht kriegerisch beigelegt werden.

Parallel dazu wird immer eine höchstmögliche Bewaffnung nötig sein, da man niemals wissen wird, mit welcher kosmischen Zivilisation es irgendwann einmal zum Konflikt kommen könnte. Und zum Zeitpunkt des Angriffs wäre es dann schade, wenn eine aggressive extraterrestrische Gesellschaft diejenige unterjocht oder gar auslöscht, die längst in einer für alle lebenswerten, toleranten, aufgeklärten und friedlichen Zukunft angekommen ist, nur weil die Angreifer die größere Brutalität zeigen.

6.3. Mögliche Entwicklungen der nächsten 500 Jahre

Überträgt man die Erfahrungen der Vergangenheit auf die Zukunft, so werden uns viele zu erwartende technische Errungenschaften der nächsten Jahrhunderte aus heutiger Sicht wie Zauberei Vorkommen.

Nach dem heutigen Erkenntnisstand und nach sich bereits abzeichnenden Trends könnten in den kommenden Jahrhunderten und Jahrtausenden zahlreiche gesellschaftspolitische, wissenschaftliche und technische Errungenschaften möglich sein, sofern keine weltweiten Katastrophen eintreten. Dabei nehmen wir die Abgrenzung der Bereiche in der nachfolgenden Auflistung bewusst nicht extrem scharf vor, sondern nennen zum Beispiel auch technologische Veränderungen in der Rubrik gesellschaftlicher Verbesserungen, etwa wenn sie in dem Bereich besonders starke Auswirkungen haben. Es geht vielmehr vor allem darum, ein allgemeines Gefühl für das zu entwickeln, was vor uns liegt.

Alle folgenden Annahmen sind natürlich hypothetisch. Wir schreiben „hypothetisch" ausdrücklich jedoch nur an den Stellen dazu, wo Mutmaßungen eine besonders starke Rolle spielen, teils sogar solche, die neuere und gegebenenfalls andere Erkenntnisse als die der heutigen Physik voraussetzen würden.

Gesellschaftliche Verbesserungen der nächsten 500 Jahre

1. Weiterentwicklung und Reform aller Religionen in Richtung einer friedlichen Koexistenz, basierend auf wechselseitigem Verständnis.

Weiterentwicklung der Atheisten dahingehend, die Liebe vieler Menschen zu religiösen Bildern zu verstehen. Weiterentwicklung der religiösen Menschen dahingehend, dass sie verstehen und tolerieren, dass Atheisten ohne eine Vorstellung von einem Gott auskommen oder die Idee vertreten, dass es einen Gott gar nicht gibt oder gar nicht braucht.

Auch in den beiden letztgenannten Fällen handelt es sich um eine Art Glauben, der niemals wird bewiesen werden können: Die letzte Erkenntnis, die eine erfolgreich sich über die Jahrmilliarden entwickelnde Menschheit erlangte, bezöge sich immer noch auf etwas, das zwar genauer beschrieben werden könnte, zu dem jedoch die Frage, warum dieses Etwas überhaupt existiert, durch Menschen oder vom Menschen geschaffene Intelligenzen oder auch durch andere Lebensformen, die aus diesem Kosmos hervorgingen, niemals ergründet werden kann. Und zwar, weil feststeht, dass all diese Kinder des Universums selbst niemals die Schöpfer dessen waren, was da ist, sondern immer nur die Beobachter dessen, was geschieht. Wir nennen diese unüberwindbare Begrenzung des menschlichen Erkenntnishorizonts das „Limitierungs-Phänomen". So, wie wir nicht nach außerhalb unserer Raumzeit reisen können, ist es unmöglich, Erkenntnisse außerhalb unseres Erkenntnishorizontes zu gewinnen, und da der Raum dahinter so groß und so mystisch ist, liegt dort das Gebiet unserer Religionen.

Interessant ist, dass auch dies sich niemals verändern wird, und auch der Atheist schaut nicht durch den Erkenntnishorizont. Er postuliert nur für sich selbst, dass er, da er nicht hindurchblicken kann, seine Lebenszeit nicht damit vergeuden möchte, darüber nachzudenken, was dahinter alles sein könnte. Denn aus seiner Sicht, und die ist für ihn berechtigt, ist es Vergeudung.

Hier ist es aus mehreren Gründen dringend erforderlich, gerade die hohe Kunst der alten Philosophien wieder zu entfachen. Denn wenn die Einsicht in das Limitierungs-Phänomen nicht gelingt, werden sich sehr bald gigantische Ressourcen in völlig sinnlosen Forschungsfeldern verlieren. Wenn Physiker weltweit dem „Gottesteilchen" nachspüren, sind die Auswirkungen alles andere als theoretischer Natur; denn Ressourcen, die in eine wenig ergiebige immer weitergehende mathematische Modellierung der Stringtheorie gesteckt werden, fehlen an anderen Stellen.

Doch gehen wir zunächst weiter durch die vermutlichen Fortschritte der nächsten Jahrhunderte:

2. Hochkarätige Bildung und Ausbildung in jedem Winkel der Erde; Wegfall der herkömmlichen Schulen und Universitäten, Entwicklung zur internetbasierten und hochgradig individuellen Lerngesellschaft. Inhaltliche Revolutionierung vieler Ausbildungsgänge: Betriebswirtschaftslehre, Ingenieurwissenschaften, Jura.

3. Neue Gesellschaftsformen lösen den Sozialismus und den

Kapitalismus ab. Niemandem zu schaden und sich selbst menschlich beständig zu verbessern wird höchster Wert und höchstes Ziel aller Menschen. Dabei stellen mehr und mehr Roboter sicher, dass der Lebensstandard auch dann hoch bleibt und sich noch weiter erhöht, wenn viele Menschen nur noch sehr wenig in geregelten Arbeitsverhältnissen arbeiten.

Wie es der vorhergehende Punkt andeutet, wird sich das Arbeitsleben der Menschen, ausgehend von den hochentwickelten Ländern, grundlegend ändern: Ein Teil, und zwar der Teil der dieses Lebensmodell attraktiver findet, wird in geregelten Arbeiten seinen Platz finden und dort womöglich im Schnitt am meisten verdienen. Viele andere werden spontanen Arbeiten situativ nachgehen, sehr viel ehrenamtlich leisten, dies jedoch basierend auf einer gegebenen lebenslangen Absicherung für alle.

4. Ein bedingungsloses Grundeinkommen für alle, flexibel angebunden an die Wirtschaftsleistung.

5. Höher entwickelte demokratische Systeme führen Eignungsprüfungen und Fähigkeitsnachweise für politisch Verantwortliche durch.

6. Eliminierung von Lobbys und deren Einflussnahme zugunsten ökonomischer Minderheiten unter Belastung der Ressourcen und gegen das Wohl der überwiegenden Mehrheit der Bevölkerung.

7. Immer weitergehende Angleichung: Entwicklungsländer erreichen den Standard der westlichen Wirtschaftsländer.

8. Geburtenkontrolle wird verpflichtend und weltweit eingeführt, dadurch Begrenzung des Bevölkerungswachstums. Im Schnitt zwei Kinder je Familie.

9. Nuklearer planetarer Krieg wird durch Höherentwicklung der Gesellschaftsformen unwahrscheinlicher. Das Waffenarsenal bleibt jedoch erhalten, für den Fall eines Angriffs anderer Lebensformen. Überwindung von Kriegen ab etwa dem Jahr 2300.

10. Weiterentwicklung der internetbasierten Informations- und Dienstleistungsgesellschaft, zugleich Vollautomatisierung der gesamten Produktion vom Handwerk bis zur Massenfertigung, abgesehen von exklusiven Feldern, in denen Handarbeit Teil des geforderten Marketings bleibt.

11. In der Produktion massiver Einsatz von 3D-Druckern und daraus abgeleiteten weiteren 3D-Direktverfahren in allen Bereichen, vom Bäcker zur Brötchenherstellung bis zum Bauunternehmen zur Errichtung von Hochhäusern.

12. Weiteres Durchdringen aller Bereiche mit dem Internet. Zugang zum gesamten Wissen des Planeten für alle durch Weiterentwicklung von Plattformen wie Wikipedia und durch das Ergänzen beziehungsweise Ausbauen neuer Plattformen in anderen Bereichen, etwa für radikale Innovationen, oder auch für nur scheinbar einfache Dinge.

13. Verstärkung der Innovationsfähigkeit in allen Bereichen.

Wissenschaftliche Erkenntnisse der nächsten 500 Jahre

1. Hypothetisch: Bestätigung der Existenz von Multiuniversen.

2. Bestätigung der Stringtheorie oder ein anderweitiger Durchbruch zur Vereinheitlichung der Physik zu einem Modell, das drei der vier bekannten physikalischen Grundkräfte vereinigt, nämlich die starke Wechselwirkung, die schwache Wechselwirkung und die elektromagnetische Kraft.

3. Entdeckung und Nachweis außerirdischer Lebensformen auf anderen Planeten unserer Galaxis.

4. Erklärung der dunklen Energie und der dunklen Materie.

5. Neue mathematische Methoden, womöglich ganz neue Art der mathematischen Betrachtungen. Ein Beispiel dazu: Im Sommer 2012 legte der japanische Mathematiker Shin'ichi Mochizuki einen Beweis vor, der ein Meilenstein in der Zahlentheorie sein könnte. Es geht um die legendäre „abc-Vermutung", die sich mit Teilern natürlicher Zahlen beschäftigt. Diese Vermutung elektrisiert Mathematiker vor allem, weil es viele andere Aussagen der Zahlentheorie gibt, deren Gültigkeit bewiesen wäre, sofern die abc-Vermutung zutrifft. Dazu gehört unter anderem der Große Fermatsche Satz – ein Problem, dessen Lösung Mathematiker mehr als 300 Jahren beschäftigt hat.

Mochizukis Beweisvorschlag aus dem Jahr 2012 besteht aus vier Teilmanuskripten mit zusammen 500 Seiten. Doch weniger der Umfang der Arbeit als die selbst aus Sicht von

Mathematikern kaum durchdringbaren Gedankengänge haben alle bisherigen Versuche scheitern lassen, die Arbeit zu erfassen. Mochizuki benutzt darin eine neue, von ihm entwickelte Theorie, die er „inter-universelle Geometrie" nennt. „Wenn man sich das anschaut, glaubt man ein Paper aus der Zukunft zu lesen, etwas aus dem fernen Weltall", schrieb Jordan Ellenberg, Zahlentheoretiker der University of Wisconsin-Madison, in seinem Blog nach der ersten Durchsicht der Arbeit.

Dies wirft ein interessantes Licht darauf, dass auch Naturwissenschaften selbst und sogar die Mathematik als deren wichtigstes Handwerkszeug fundamentale Paradigmenwechsel und Weiterentwicklungen sehen könnten, wobei es wünschenswert wäre, wenn die neuen Modelle einfacher wären als die alten, und nicht komplexer, da strategisch gesehen einfache Lösungen immer wirkungsvoller sind als komplexe. Nichts beweist dies vielleicht mehr als die Schlichtheit der fundamentalsten Formel, die die Menschheit bisher entdecken konnte: nämlich Einsteins berühmtes $E = mc^2$.

Technische Errungenschaften der nächsten 500 Jahre

1. Erkennen der Biologie und der Bionik als der besten Vorlage fast aller technischen, strategischen und informationsverarbeitenden Aufgaben und Revolutionierung unter anderem der Ingenieurwissenschaften, der Wirtschaftswissenschaften und der Informatik.

2. Ausbau der erneuerbaren Energien: Solarenergie, Gezeitenkraftwerke, geothermische und geoelektrische Kraftwerke

und partiell Windkraftanlagen. Aufbau stark dezentraler Strukturen. Autonome Energieversorgung fast aller Häuser.

3. Nutzung der Kernfusion zur Energiegewinnung.

4. Hocheffiziente rein elektrisch betriebene Nachfolgetechnologien der Automobile, Eisenbahnen und Flugzeuge. Reisen mit über 10 000 km/h auf der Basis von Magnetschwebetechnik im Vakuum.

5. Reduzierung des Treibhausgases in allen Ländern der Welt. Wiederherstellung des Zustandes vor dem menschenbedingten Klimawandel unter anderem durch aktiven Entzug von C02 aus der Atmosphäre.

6. Übergang zu einer nächsten industriellen Generation, in der auch die Fabriken und die Roboter selbst durch Roboter hergestellt werden.

7. In der Raumfahrt Entwicklung von Raketen auf der Basis höher entwickelter Antriebe, etwa basierend auf Fusionsprozessen oder – hypothetisch – Antimaterie.

8. Hypothetisch: Entdeckung und Schaffung von künstlicher Schwerkraft.

9. Hochentwickelte optimierte Lebensmittel, etwa künstliche Erzeugung von hochwertigem Fleisch, ohne dass Tiere dafür geschlachtet werden müssten.

10. Verbesserung der Waffensysteme: Weiterentwicklung robotischer Waffen für den kosmischen Verteidigungsfall im Falle des Angriffs außerirdischer Lebensformen. Ein externes

Feindbild von außerhalb des Planeten könnte in einer Übergangsphase helfen, die Menschheit insgesamt zusammenzubringen.

Ganz klar kann man jedoch sagen, dass eine höchste Zivilisationsstufe der Menschheit nur dann erreicht wird, wenn zur friedlichen Koexistenz aller Menschen keine Feindbilder mehr nötig sind. Dies ergibt eine weitere, auf einer Innensicht der Zivilisation beruhende Definition der Zivilisationsstufen:

- Stufe 0: Ist aggressiv bis in die Familien hinein, und in Bezug auf größere Gruppen werden Kriege geführt.
- Stufe 1: Nutzt äußere Feindbilder, etwa gemeinsame Herausforderungen wie der Abwehr einer großen Naturkatastrophe oder einer möglichen Bedrohung durch außerirdische Lebensformen, um sich global zu solidarisieren und friedlich zu kooperieren.
- Stufe 2: Benötigt zur umfassenden friedlichen Koexistenz keine Feindbilder mehr, sondern arbeitet auf der Basis hoher Bildung und hoher Ethik rein kooperativ. Verfügt über Instrumentarien, Konflikte kooperativ zu lösen. Verteidigt sich bei Angriff Außerirdischer im Notfall ganzheitlich und verteidigt den jeweiligen Heimatplaneten gemeinsam.
- Stufe 3: Koexistiert durch Kooperation und überwindet Konflikte bereits im Keim. Verteidigt sich bei Angriff Außerirdischer im Notfall ganzheitlich und verteidigt den jeweiligen Heimatplaneten gemeinsam. Hat aber intergalaktische Kommunikationsformen, die Konflikte auch mit Außerirdischen abschwächen können,

bevor es zu Kämpfen kommt.

- Stufe 4: Koexistiert mit anderen Lebensformen im All ebenfalls friedlich.

11. Neudefinition der Architektur und der Städte, primär durch den weiteren Ausbau des Internets und webbasierter Berufe sowie durch die hocheffizienten und sehr schnellen vollautomatisierten Verkehrssysteme.

12. Verschmelzung von Stadt und Land. Die Metropolen entzerren sich, und das Landleben mit seiner Ruhe und seinem Reiz wird erneut mehr Menschen zugänglich, ohne dass sie deshalb den Reiz der ebenfalls attraktiver werdenden Metropolen aufgeben müssten.

13. Roboter übernehmen die Produktion von allen Gütern der Menschheit, auch in der Landwirtschaft.

14. Verschmelzung der Biologie mit der Technik durch Schnittstellen und Implantate. Dadurch unter anderem Wegfall von Fernsehgeräten, Displays und Monitoren.

15. Vernetzung der Forschung auf der gesamten Welt.

16. Ausbau der Biotechnologie.

17. Entwicklung der Nanotechnologie, Herstellung von Nanowerkzeugen, -werkstoffen und -maschinen für alle Anwendungen des menschlichen Lebens, unter anderem für den Medizinbereich.

18. Nutzung von Robotern im Alltag der Menschen auf der Erde und im All.

19. Städte und Farmen, die sich dem Meer stärker anpassen, etwa durch aufschwimmende Gärten und Häuser.

Weitere Veränderungen der nächsten 500 Jahre in unterschiedlichen Feldern

1. Wegfall der nationalen Interessen zugunsten planetarer Interessen im ganzheitlichen Bild. Weltregierung mit regionalen Regierungszentren bei starker direkter Mitwirkung jedes Einzelnen.

2. Wegfall von Banken und Ablösung des Finanzsystems durch ein System höherer Ethik und gleichmäßigerer Verteilung des Wohlstands.

3. Ständige Überwachung im täglichen Leben. Steuerung der Gesellschaft auf evolutionsstrategischer Grundlage.

4. Unterhaltungsindustrie auf virtueller Basis.

5. Entwicklung einer weltweiten Freizeitgesellschaft, die Freizeit sinnvoll einzusetzen weiß und Zeit nicht allein der egoistischen Befriedigung individueller Bedürfnisse widmet.

6. Immer engere Anbindung von Internet und Individuum, sei es zunächst durch Datenbrillen oder Kontaktlinsen zur virtuellen Anwendung im Alltag, und sei es nachfolgend durch mehr und mehr Implantate von körperverträglichen Bioschnittstellen zur direkten Signaleinspeisung in das Gehirn. Da das Auge Signale in das Gehirn einspeisen kann, wird eines Tages eine Bioschnittstelle visuelle Daten direkt einspeisen können.

7. Hypothetisch: Informationsübertragung mit Überlichtgeschwindigkeit etwa durch Quanteneffekte.

8. Ablenkung von Meteoriten, Asteroiden und Kometen von der Erde.

Spezifische Aspekte zur Weiterentwicklung der Computertechnik in den nächsten 500 Jahren

1. Steigerung der Computerleistung entweder durch Weiterentwicklung der heutigen Prinzipien, auch mit Transfer elektronischer Signalverarbeitung auf optisch operierende und dementsprechend schnellere Strukturen, und/oder durch die Entwicklung des Quantencomputers.

2. Steuerung des Computers durch Gedanken mittels Bio-Implantaten oder auf der Haut getragener Scanner.

3. Computergesteuerte Mobilität in einem neuen, hochintegrierten System.

4. 3D-Präsentationen im Alltag bei TV, Computer, Telefongeräten etc. Virtuelle Begegnungen und Konferenzen per 3D-Animation.

5. Schaffung virtueller Realitäten für den gesamten Lebensbereich, spezifisch auch für das Arbeitsleben.

6. Bio-implantierte Universalübersetzer; direkter Austausch der verschiedenen Sprachen zwischen Menschen aus anderen Kulturen. Aber auch verstärkte globale Nutzung einer Sprache, etwa des Englischen, durch alle Menschen. Das heißt im

globalen Bildungssystem Verankerung zumindest einer Sprache im weltweiten Schulsystem, die von allen Menschen ab dem Grundschulalter und bis zum Schulabschluss auf hohem Niveau und mit hoher Praxisorientierung vermittelt wird.

Spezifische Aspekte zur Schaffung künstlicher Intelligenz in unterschiedlichen Formen

1. Einsatz der KI in der Justiz, der Politik und im Alltag.

2. Noch bessere Vernetzung der Menschen mithilfe der KI.

3. Schaffung von Schiedsstellen und Expertengruppen bei Problemen mit der KI.

4. Ständige robotische Stützpunkte auf Mond, Mars und den Monden Jupiters und Saturns.

5. Aufbruch künstlich intelligenter Roboter zu Planeten außerhalb unseres Planetensystems zur Errichtung erster Stützpunkte auf Planeten außerhalb des Sonnensystems.

Spezifische Aspekte zu medizinischen Fortschritten in den nächsten 500 Jahren

1. Automatisierung der medizinischen Checks jeden Tag; dies schließt durch implantierte Sensorik alle Blutwerte ebenso ein wie Blutdruck, Körpertemperatur, die Präsenz von Viren oder die Abnutzung bestimmter Körperteile wie Gelenke oder Zähne. Keine medizinische Überwachung der Menschen rund um die Uhr, sondern Selbstkontrolle jedes Einzelnen.

2. Erzeugung von nicht körperfremden menschlichen Ersatzorganen auf Basis der jeweils eigenen DNA. Ablösung des Einsatzes von embryonalen Stammzellen durch künstliche Genese solcher Zellen, keine Erzeugung vollständiger menschliche Klone, jedoch Darstellung jedes einzelnen Organs oder Körperteils für Ersatzzwecke, mit Ausnahme des Gehirns. Dieses wird vermutlich als Träger aller Erfahrungen und aller Individualität eines Menschen auf lange Zeit nicht ersetzbar sein.

3. Überwindung von Krankheiten, die bisher als unheilbar gelten, darunter Krebs, Aids, Infektionskrankheiten wie Ebola sowie zahlreiche seltene genetische Krankheiten. Schwerpunkt dürfte insbesondere die genetische Heilung durch Reparatur defekter Teile der Erbinformation sein. Heilung von Nervenschäden, zum Beispiel bei Querschnittsgelähmten.

4. Einsatz der KI in der Medizin, insbesondere bei Diagnosen und bei Behandlungsempfehlungen. Gegebenenfalls Abschaffung des Berufes des Arztes und Ersatz durch objektive und über alle Informationen verfügbare Expertensysteme der künstlichen Intelligenz. Ausnahmen werden gegebenenfalls bleiben, etwa Chirurgen, die zwar robotische Hilfe erhalten, die aber den Vorgang der OP leiten.

5. 3D-Holografien für Chirurgen.

6. Deutliche Leistungssteigerung der Unfallmedizin durch robotische KI-Systeme der Notfallversorgung, die zumindest in den Ballungszentren per Drohnen jeden Unfallort in wenigen Sekunden erreichen.

7. Deutliche Steigerung des durchschnittlichen Lebensalters der Menschen, möglicherweise über die heute als Maximum angenommene Lebensspanne von etwa 125 Jahren hinaus.

8. Neue Formen eines Lebens in Kombination mit KI.

Die Aufstellungen der möglichen Erkenntnisse und Entwicklungen für die kommenden Jahrhunderte und Jahrtausende erheben keinen Anspruch auf Vollständigkeit – sie orientieren sich einfach nur an den Möglichkeiten der heutigen Gesellschaften aufgrund des gesellschaftspolitischen, wissenschaftlichen und technischen Standards.

Diese Art von Prognosen sind immer unsicher, und in der Vergangenheit haben sie sich oft als grob falsch herausgestellt, insbesondere da überragende Neuentwicklungen wie etwa das Internet zum Zeitpunkt der Prognose noch vollkommen unbekannt waren und von daher der Prognostiker ebenfalls nichts davon ahnte.

An dem Problem wird sich nichts ändern, und so versuchen wir im nachfolgenden Kapitel zumindest eine Eingrenzung auf die Frage, wo denn solche unerwarteten neuen Durchbrüche bei aller verbleibenden Unsicherheit zumindest theoretisch passieren könnten.

6.4 Wissenschaftliche Entdeckungen: Stehen wir am Anfang oder am Ende einer Zeit ganz großer Durchbrüche?

Die physikalische Welt ist seit ihren Anfängen zunehmend komplex geworden. Zur Komplexität gehören heute die kleinsten Teilchen wie Atome und Quarks, die zwar in unserer makroskopischen Welt niemals direkt wahrnehmbar sind, die aber doch in technischen Errungenschaften der Moderne ihre vielfältige praktische Anwendung gefunden haben. Zu nennen seien hier beispielhaft die gesamte Halbleitertechnik oder Laserlichtquellen. Insofern liegt ein Teil der Zukunft der Menschheit im Kleinen und Kleinsten.

Ein anderer Teil liegt demgegenüber im ganz Großen. Etwa in unserem Sonnensystem und darüber hinaus in unserer Heimatgalaxis, der Milchstraße – und letztlich, auf jeden Fall was die weitere Forschung angeht, im gesamten Universum.

Ein weiterer Teil der menschlichen Zukunft wird in Fortschritten der Wissenschaftsgebäude an sich liegen. So zeigten Wissenschaftler in der Theorie die Option auf, dass sich alle Elementarteilchen letztlich auf sogenannte Strings zurückführen lassen. In der Physik ist die Stringtheorie ein theoretischer Rahmen, in dem die Elementarteilchen der Teilchenphysik ersetzt werden durch eindimensionale Objekte, die Strings genannt werden. Elementarteilchen sind demgegenüber punktförmig, also in der physikalischen Theorie nulldimensional. Die Stringtheorie beschreibt, wie sich diese Strings durch den Raum ausbreiten und wie sie miteinander interagieren. Aus einem hinreichenden Abstand betrachtet sieht ein String wie ein gewöhnliches Partikel aus, mit dessen Masse, Ladung und mit anderen Eigenschaften wie der Partikelrotation. Jede Ausprägung und jeder Zustand jedes beliebigen Elementarteilchens entspricht dabei in der Stringtheorie einem bestimmten Schwingungszustand des Strings. So entspricht auch einer dieser Schwingungszustände dem Graviton, demjenigen quantenmechanischen Teilchen also, das als Träger der Schwerkraft gilt. Die Stringtheorie ist deshalb eine Theorie der Quantengravitation. Die Stringtheorie hat einen solchen Reiz, dass sich sehr viele Physiker bereits seit Jahren mit ihr beschäftigen. Dennoch wurden bisher weder Strings noch andere Erscheinungen praktisch nachgewiesen, die sich aus der Existenz von Strings würden herleiten lassen, so etwa eine Vielzahl von Universen parallel zu unserem eigenen. Es gibt bisher auch keine praktischen Anwendungen der Stringtheorie und der mit ihr verbundenen Dimensionen.

Dennoch könnten einst praktische Anwendungen aus der Stringtheorie hervorgehen. Zum Beispiel wäre eines Tages eine simultane Kommunikation zwischen der Erde und einem Raumschiff im All denkbar. Wenn dies möglich wird, dann eröffnen sich neue großartige Chancen zur Weiterentwicklung auf allen wissenschaftlichen Gebieten.

Auch die Weltformel – der heilige Gral der Physiker und Mathematiker – wäre entdeckt, denn die Stringtheorie erklärt die Vereinheitlichung der schwachen und der starken Wechselwirkung und der Gravitation. Die Theorie von Allem – so wird die Weltformel auch genannt – erklärt somit alle Elementarteilchen.

J. Richard Gott, Astrophysiker in Princeton, kommt in seinem Buch Zeitreisen in Einsteins Universum auf die Beschränkungen unserer Erkenntnis zu sprechen: „Intelligenz bietet die Möglichkeit zu ungeheurer Macht und Langlebigkeit, doch diese Möglichkeiten dürften sich in ihrem vollen Ausmaß nur selten verwirklichen lassen – sonst wäre unsere Situation sehr untypisch. Die Moral ist sowohl erfreulich als auch niederschmetternd.“

So gesehen steckt intelligentes Leben im Prinzip voller Möglichkeiten, ist aber durch seine Komplexität meist sehr anfällig. Auf unserem winzigen Fleck in dem riesigen Universum, das bereits 13 Milliarden Jahre alt ist, blicken wir auf eine eigene Geschichte unserer Spezies von gerade einmal ein paar hunderttausend Jahren zurück, und wenn wir dieses kleine Fenster auf die Zivilisationsgeschichte beschränken, sind es nur noch einige tausend Jahre. Uns stehen keine großen Machtmittel zur Verfügung; die Energiequellen, über die wir gebieten, sind winzig, selbst wenn man sie nur mit der Sonne vergleicht. Eine besonders lange Lebensdauer können wir auch nicht vorweisen.

So bescheiden diese Fakten auch sein mögen, so hat die

Menschheit in dieser kurzen Zeit doch Bemerkenswertes geleistet. Sie hat viel über die Gesetze der Physik und des Universums herausgefunden. Beispielsweise wissen wir heute, dass das Universum in der Vergangenheit sehr viel kleiner gewesen sein muss als heute; wir haben eine gewisse Vorstellung, wie sich die Galaxien gebildet haben und wie die Erde entstanden ist, und wir haben herausgefunden, wo wir uns innerhalb unserer eigenen Galaxis befinden. Dieses Maß an Erkenntnis ist bemerkenswert.

Die Fähigkeit, Fragen zu stellen, scheint die Fähigkeit zu fordern, sie zu beantworten, aber sie verschafft uns keine Zeit. Das ist die Quintessenz des Berichtes aus der Zukunft. Eines sollten wir im Hinblick auf die Zeit begreifen: Wir haben weniger davon, als wir glauben.

7. Ein Blick über den Tellerrand

Man kommt auf dem Weg zu diesem Kapitel, das unter anderem die Frage nach dem Sinn des Lebens stellen wird, im Grunde genommen nicht an den lustigen Begebenheiten aus *Per Anhalter durch die Galaxis* vorbei.

Kurz zusammengefasst beginnen die denkwürdigen Geschehnisse jenes Buches mit der Ankunft eines Bautrupps der außerirdischen Vogonen im Vorgarten eines Briten namens Arthur Dent. Arthurs bester Freund, ein gewisser Ford Prefect, kommt gerade noch rechtzeitig, um ihn vor dem Ende der Welt zu warnen. Eine Alien-Rasse, eben besagte Vogonen, habe tatsächlich vor, den Planeten Erde zu zerstören, da er einer neuen Hyperraumtrasse im Wege steht.

Arthur und Ford schaffen es daraufhin geradeso, auf das Schiff der Vogonen zu kommen, kurz bevor die Erde tatsächlich zerstört wird. Zur Strafe für ihren Akt des unerlaubt verschafften Zutritts werden sie gezwungen, Vogonen-Poesie zu lauschen. Arthur versucht dabei zum Ausdruck zu bringen, dass er diese Poesie schön findet, um zu vermeiden, mit Ford aus einer Luftschleuse geworfen zu werden.

Dennoch werden Arthur und Ford in eine solche Schleuse gebracht. Sie werden jedoch, bereits im All schwebend, von Zaphod Beeblebrox gerettet, der sie in seinem Raumschiff, dem „Herz aus Gold" aufnimmt.

Zaphod, ein Cousin von Ford, ist der Präsident der Galaxis. Zusammen mit weiteren Begleitern begeben sich die drei auf eine Reise, um den legendären Planeten Magrathea zu finden. Dort angekommen, erfahren sie von einem Supercomputer namens Deep Thought, der die ultimative Antwort auf „die Frage nach dem Leben, dem Universum und dem ganzen Rest" ermittelt hatte. Dies alles in einer Art und Weise, die seine Schöpfer oder besser gesagt deren Nachfahren über Jahrzehntausende hinweg auf ebendiese ungemein spannende Antwort hatte warten lassen. Als Deep Thought schließlich ankündigte, die Lösung bald zu nennen, brachen Tumulte aus, die sich noch verstärkten, als er die Antwort endlich verkündete. Sie lautete: „42."

Weitere Ermittlungen ergaben, dass Jahrzehntausende zuvor die Frage falsch gestellt worden war. Wie genau sie jedoch gelautet hatte war aber nicht mehr in Erfahrung zu bringen. Es war einfach zu lange her.

So weit der zusammengefasste Inhalt jenes bemerkenswerten Romans von typisch britischem Humor. Doch Spaß beiseite, zumindest für den Augenblick: Der Sinn des Lebens, aus unserer Sicht, ist der, den wir ihm geben. Oder nicht? Insofern wäre, für den, der das so sehen mag, auch „42" eine zulässige Antwort. Denn es gibt keinen Sinn an sich. Wenn es ihn gäbe, und sei es für die religiösen Menschen unter uns auch in einer Art und Weise, dass dieser Sinn durch einen Gott vorgegeben wäre, so würde er sich uns erschließen. Es wäre schließlich für Gott ein Leichtes, seinen Geschöpfen diesen Gedanken einzugeben, sodass wir auf die Welt kämen und der Sinn unseres Daseins uns ein Leben lang ohne jeden Zweifel vor Augen stünde.

Aus der Tatsache, dass es nicht so ist, können wir zwei

mögliche Schlüsse ziehen, nämlich dass es entweder keinen Gott gibt, und damit auch niemanden, der uns einen Sinn des Lebens vorgibt, oder dass es einen Gott in der Art gibt, dass er uns die Freiheit lässt, den Sinn unseres Lebens selbst herauszufinden.

Dennoch gibt es vielleicht eine Basis für eine menschliche Sichtweise auf den Sinn des Lebens, die in ihrer eigenen Logik mehrheitsfähig sein könnte; denn weit über das einleitend Gesagte hinausgehend, das die möglichen Antworten auf die Frage betraf, kann der Sinn des Lebens für alle Wesensformen im Universum zunächst sicherlich im Geiste Shakespeares als „Sein oder nicht Sein", als Existenz versus Nichtexistenz, gesehen werden, als das reine Faktum all dessen, was uns ausmacht und was uns umgibt, auch im Werden, Sein und Vergehen der verschiedenen Geschöpfe im Universum, uns selbst als neugierig Fragende eingeschlossen.

Darüber hinaus ist für uns Menschen der Sinn des Lebens jedoch, auch im Falle mehrheitsfähiger allgemeiner Sichtweisen, zunächst eine rein individuelle Angelegenheit. Es mag dabei höhere Ziele geben wie das, die Welt zu verbessern, und niedere Ziele wie das, sich persönlich zu bereichern. Eine individuelle Angelegenheit jedoch bleibt es.

Im Sinne einer Ethik und Moral mag man wünschen oder hoffen, dass viele Menschen höhere und wenige Menschen niedrigere Ziele verfolgen mögen. Dies bleibt jedoch bis heute Wunsch und Hoffnung, als Status quo, der an sich nichts über unsere Zukunft aussagt.

Skizzieren wir also, um etwas konkreter zu werden, eine Zivilisation von morgen, die sich aus den Niederungen rein individueller Interpretationen eines eigenen, egoistischen Lebenssinns erhebt und die für ihre Spezies, ganzheitlich, den Sinn des Lebens darin entdeckt, worin die Biologie ihn ohnehin gelegt hat: in den Überlebenswillen nämlich und in die Erhaltung der Art. Dies jedoch über den Tellerrand blickend nicht nur auf das eigene Leben bezogen, sondern auf das kommender Generationen, und zwar über lange und sehr lange Zeiträume hinweg.

Wenn, prosaisch gesprochen, eine heutige Gesellschaft den Sinn ihrer Existenz erstmals darin erkennen mag, wirklich Sorge dafür zu tragen, dass noch möglichst viele Generationen gut oder sogar sehr gut leben können, dann mag die ganze Spezies, und eben nicht nur ein versprengtes elitäres Individuum, zur Reife eines höheren Sinns gelangen, auch in der weiten Zukunft. Und erst dann mag der Ausbruch aus der Zeitfalle wirklich gelingen; denn solange große Mehrheiten im Sumpf eines alten Denkens feststecken, wird es nicht viel nützen, wenn eine kleine Elite den schnellen Aufbruch ins Licht einer besseren Zukunft versucht.

Es sei nun also in diesem Buch der Blick über den Tellerrand gewagt, in einer Art und Weise, als wären wir bereits Angehörige einer solchen späteren hochentwickelten Art. Dabei wählen wir eine weitaus wissenschaftlichere Betrachtungsgrundlage als die literarische, zu der Shakespeare uns einlud. Wir basieren nämlich unsere weiteren Betrachtungen unter anderem auf der sogenannten Drake-Gleichung.

Diese Gleichung wurde von Frank Drake entwickelt, einem amerikanischen Astrophysiker, der sie im November

1961 in Green Bank, West-Virginia, USA, auf einer Konferenz erstmals vorstellte. Sie ist daher auch als Green-Bank-Formel oder SETI-Gleichung bekannt. SETI steht als Kürzel für „Search for Extraterrestrial Intelligence", die Suche nach außerirdischem intelligenten Leben. Es ist eine Formel, die zumindest in guter Näherung abschätzt, wie viele Zivilisationen in etwa eine Galaxis wie unsere Heimatgalaxis, die Milchstraße, beherbergt.

Die Drake'schen Betrachtungen beziehen sich dabei auf Leben, das Signale ins Weltall aussendet, welche von anderen Zivilisationen empfangen werden könnten. Für solche Lebensformen, so sie denn existieren, müssen deren kosmische Parameter bestimmte Voraussetzungen erfüllen.

Der Zentralstern etwa muss eine geeignete Strahlungsintensität und Lebensdauer haben, und er muss über mindestens einen bewohnbaren Planeten innerhalb einer geeigneten habitablen Zone verfügen.

Damit sich Planeten mit geeigneter Chemie bilden können, diese Planeten andererseits aber vor allzu häufigen kosmischen Katastrophen wie Supernova-Explosionen geschützt sind, muss sich wiederum das gesamte Sonnensystem in der galaktisch habitablen Zone befinden.

Damit genügend radioaktive Elemente zur Verfügung stehen, um einen sogenannten Karbonat-Silikat-Zyklus als frühe CCE-Quelle in Gang zu halten, muss sich der Planet vor Ablauf des kosmisch habitablen Alters bilden, welches allerdings noch 10 bis 20 Milliarden Jahre andauern wird.

Neben allgemein anerkannten Bedingungen wie diesen

gibt es einige Einschränkungen, etwa die, dass die Rotationsachse des Planeten nicht zu stark geneigt sein sollte, damit es keine zu großen jahreszeitlichen Unterschiede gibt. Ein Mond in der richtigen Größe stabilisiert die Neigung der Rotationsachse und somit das Klima; allerdings kann womöglich auch ein Planet mit hoher oder sogar mit chaotischer Achsneigung nach der Auffassung einiger Experten habitabel sein.

Die Drake-Gleichung selbst lautet:

$$N = R^\star \bullet f_p \bullet n_e \bullet f_l \bullet f_i \bullet f_c \bullet L$$

- N gibt die mögliche Anzahl der außerirdischen Zivilisationen in der Galaxis an, die technisch in der Lage und gewillt wären zu kommunizieren.
- $R^\star$ ist die mittlere Sternentstehungsrate pro Jahr in der betreffenden Galaxis.
- f_p ist der Anteil an Sternen mit Planetensystem.
- n_e ist die durchschnittliche Anzahl der Planeten pro Stern innerhalb der sogenannten Ökosphäre des Planetensystems. Die Ökosphäre ist der Bereich, in dem die Bedingungen für die Entstehung von Leben grundsätzlich stimmen, in dem es also weder zu kalt noch zu heiß ist.
- f_l ist der Anteil an Planeten mit Leben.
- f_i ist der Anteil an Planeten mit intelligentem Leben.
- f_c ist der Anteil an Planeten mit Gesellschaften, die Interesse an interstellarer Kommunikation haben und

- L ist die – in den Augen Drakes stets begrenzte – Lebensdauer einer technischen Zivilisation in Jahren.

Drake dachte bei der begrenzten Lebensdauer einer Zivilisation an unterschiedliche Szenarien, nicht unähnlich der Risikoauflistung in diesem Buch, wobei er in den 1960er Jahren noch deutlich weniger Informationen hatte, als sie heute zur Verfügung stehen. Er dachte aber auch an die mögliche Selbstzerstörung einer technischen Zivilisation und an die Zerstörung einer technischen intelligenten Zivilisation durch eine andere Spezies.

Da in einem längeren Zeithorizont sogar die Lebensdauer von Sternen begrenzt ist, ist auch die Lebensdauer einer Zivilisation im jeweiligen Sonnensystem begrenzt. Zivilisationen, die diesem Limit entkommen wollen, müssen, um außerhalb von Sonnensystemen zu überleben, auf ausreichende sonnenunabhängige Energiequellen umgestiegen sein, oder sie müssen im Rahmen von Weltraumreisen andere, jüngere Planetensysteme bereits besiedeln, wenn das eigene, ursprüngliche Heimatsystem untergeht.

Offensichtlich ist, dass der Blick auf diese Szenarien, die für andere im Weltall gilt, auch uns selbst betrifft, unsere Spezies Mensch also. Mehr noch, die Spezies Mensch ist bisher die einzige uns bekannte Art, für die die angestellten Grundsatzüberlegungen mit absoluter Sicherheit zutreffen; denn wir existieren, ein Faktum, das bezüglich anderer Zivilisationen im All bislang nur vermutet werden kann.

Die Drake-Formel ist also auch für uns gültig, und die Menschheit hat ihren eigenen Faktor L. Um diesen geht es.

Im Blick über den Tellerrand soll versucht werden klarzumachen, was benötigt wird, um den Faktor L so weit auszudehnen, dass unsere Spezies nicht nur eine befristete irdische Blütezeit erleben, sondern eine fast unbegrenzte kosmische Erfolgsgeschichte über Jahrmilliarden hinweg schreiben könnte.

Da dies ein großes Thema ist, gehen wir es aus mehreren Blickwinkeln heraus an:

Ein grundlegender Blickwinkel dabei betrifft die Religionen, denn die Suche nach der Unendlichkeit ist bis heute nicht nur in der Physik verhaftet, sondern vor allem auch in der Theologie. Diese einzubeziehen erscheint klug, um damit all diejenigen mitzunehmen, deren Weltbild bis heute eher religiös denn naturwissenschaftlich geprägt wäre.

Noch ein grundsätzlicher Blickpunkt widmet sich der reinen Phänomenologie der Erkenntnis. Wir reflektieren dazu, wie denn die schwierigsten Fragen bisher beantwortet wurden und von wem beziehungsweise auf welche Art. Dabei stellen wir die These auf, dass die komplexesten Fragen nicht unbedingt die schwierigsten sind.

Ein weiterführender Blickwinkel betrifft dann das Leben selbst. Was ist das Leben? Ist es endlich? Oder ist es unendlich? Und wie sieht es mit der Frage für eine Gesellschaft einerseits und für das Individuum andererseits aus?

Der nächste Blickwinkel betrifft das Universum. Oder die Universen, wenn es mehrere davon gibt. Ist das Universum vergänglich? Löst es sich auf in ewiger Abkühlung und Verdünnung aufgrund nicht endender Expansion? Oder ist es letztlich doch eine pulsierende Instanz? Lässt sich das nicht doch auch heute schon rein philosophisch beantworten? Wenn schon die alten Griechen bereits lange vor der Erfindung auch nur eines ersten Vergrößerungsglases postulierten, dass die Materie aus Grundbausteinen aufgebaut ist, und dies aufgrund philosophischer Logik und nicht aufgrund wissenschaftlicher Forschungen, sollte dann nicht unserem heutigen Intellekt etwas von dem gegeben sein, was die alten Griechen hatten, um unsererseits fundierter als bisher zu extrapolieren?

Ein Blickwinkel betrifft die Zeit. Denn wenngleich Einstein herausfand, dass sie ein relativer Parameter ist, so ist doch ihre wahre Natur bis heute nicht entschlüsselt. Was ist die Zeit? Ist sie überhaupt existent? Oder ist sie am Ende ähnlich wie Materie und Energie auch nur eine Erscheinungsform einer anderen physikalischen Größe im All?

Und letztlich kommen wir dann, vor dem Hintergrund des bis dahin Gesagten, auf unsere Spezies zurück. Wir betrachten dabei uns selbst wie von außen. Mit der Logik und der Schärfe der Drake'schen Formel. Und wir holen dabei weit aus, und projizieren unser vages Bild der Zukunft unserer Spezies bis in die Unendlichkeit.

7.1 Der Ozean der Erkenntnis

Dieses Kapitel entstand nach reiflichen Überlegungen. Man könnte ein technokratisches Bild der Zukunft zeichnen und sich sagen, wer kein Raumschiff bauen kann oder nicht einsteigen will, der bleibt halt zurück. Aber so einfach ist es nicht, was wohl kaum eine Zeit besser verdeutlicht als unsere aktuelle europäische und auch globale Gegenwart.

Es gibt für alle Atheisten die naheliegende Option, sich aus der Annahme der höheren Klugheit oder Modernität dem Spirituellen zu verschließen oder es direkt abzuleugnen. Es wäre aus der Sicht einer die Menschen weiterführenden Philosophie hilfreich, wenn die Atheisten ihre Chance erkennen, sich über die Akzeptanz eines spirituellen Raumes den Gläubigen zu nähern, wie die Gläubigen ihre Pflicht erkennen müssen, sich der Moderne zu stellen. Kurz: Warum denn nicht ein Bild der Welt entwerfen, das das Spirituelle wie das technisch Wissenschaftliche umfasst, wie $E = mc^2$ die Materie und die Energie umfasst.

Der Bedarf nach einem solchen übergreifenden Modell resultiert daraus, dass sich für Menschen, die an einen Gott glauben, die Frage nach einem Sinn des Lebens anders stellt als Menschen, die den Glauben an ein höheres Wesen eher ablehnen. Und solange diese beiden Gruppen keine gemeinsame Plattform entwickeln, werden sie Kommunikationsprobleme haben, Reibungsverluste erzeugen und sich gegenseitig blockieren.

Und da wird es dann kritisch, denn so geht Tempo verloren auf dem Weg, die Zukunft zu erreichen. Also könnte das Fehlen einer gemeinsamen Basis ein Faktor sein, der schon für sich allein die Menschheit letztlich auch an sich selbst scheitern lässt.

Widmen wir uns also, und sei es als stark wissenschaftlich modern geprägte Menschen, auch diesem Thema. Es könnte nämlich entscheidend sein.

Der Glaube an Gott, so man ihn denn hat, ist dabei zunächst nichts anderes als eine Form der Daseinsbewältigung von Menschen, die dort nach Erklärungen suchen, wo heutige Erkenntnisse sie – zumindest innerhalb des Wissenshorizontes der jeweils Betroffenen – noch nicht erklären können. Man mag genau an dieser Stelle sofort einen Grund dafür erkennen, dass gewisse religiöse Führer wissenschaftliche Schul- und Weiterbildung strikt ablehnen. Und je anfälliger gegen eine aufgeklärt gebildete Sicht ihr Glaube ist, umso stärker werden sie dies tun.

Der Glaube hat – auch in höher entwickelten Religionen, die bereits begonnen haben, die Naturwissenschaften anzuerkennen und anzunehmen – viel mit Hoffnung zu tun. Sehr viele Menschen brauchen, oft genug spätestens dann, wenn es ihnen schlecht geht, einen Gott; denn es ist tröstlich, in schwierigen Lebenssituationen einen Ansprechpartner zu haben. Das Paradoxe daran ist jedoch, dass es Situationen im Leben von Menschen gibt wie zum Beispiel Krieg, schlimme Krankheiten oder große Naturkatastrophen, in denen der Glaube an Gott hilft, Trost zu finden, obwohl Gott ganz offensichtlich nicht dabei half, die Katastrophe zu verhindern.

Andere Menschen haben dagegen innere Kräfte zur Verfügung, die stark genug sind, dass sie diese Art des Trostes nicht brauchen. Das ist gut für sie, hilft aber bei der Antwort auf die Frage, ob es einen Gott gibt oder nicht, auch nicht viel weiter.

Die Meinungen und Vorstellungen sind also stark unterschiedlich, und dennoch unterliegen wir am Ende ein und derselben Wahrheit, die für alle gilt. Gemäß dieser wird es einen Gott entweder geben, oder aber es gibt ihn nicht. In diesem Fall täuschen sich eben seit Tausenden von Jahren alle, die je an ihn glaubten. Und alle Kriege in seinem Namen wurden umsonst geführt, eine Erkenntnis, die sich so oder so als Wahrheit erweisen wird. Denn wenn Gott existiert, ist Krieg zu führen im Namen Gottes wie jeden Gebrauch von Sauerstoff zu verbieten im Namen der Atmung. Noch perverser geht es eigentlich nicht, als dass einzelne Verwirrte, und sei es auch im Kollektiv, im Namen dessen töten, den sie als Schöpfer des Lebens betrachten.

Ob Gott oder nicht Gott: Fest steht jedenfalls, dass wir alle einen gemeinsamen Weg in die Zukunft finden sollten, und zwar ganz praktisch, um auf diesem Weg möglichst schnell zu sein. Und genau deshalb sei in diesem Kapitel auch vor dem Hintergrund der Frage der Religionen diskutiert, wie es gemeinsam weitergehen könnte.

Nehmen wir an, ein Atheist solle die Frage beantworten, warum die Materie existiert, aus der er selbst besteht, als Atheist, der er ist, und warum die Gesetze existieren, denen diese Materie gehorcht. Dann kann er natürlich sagen: „Das interessiert mich nicht", oder: „Die Frage stellt sich nicht", oder auch: „Ich kann darüber keine Aussage treffen." Aber dies sind nur Ausweichstrategien; denn die Frage stellt sich sehr wohl, und mehr als das ist sie letztlich eine der zentralsten Frage allen Lebens und eines der Grundmotive aller Forschung und aller Suche schlechthin.

Unser befragter Atheist kann sich auch nicht auf die Evolution und auf die Physik berufen, denn beide beantworten allein – und das bis heute nur recht eingeschränkt – die Fragen der Art, wie etwas funktioniert, aber nicht, warum es überhaupt da ist.

Nun nehmen wir weiter an, unser Atheist lehne den Glauben an Gott insbesondere deshalb ab, weil er den Wissenschaften eher vertraut als den Religionen. Weil er lieber weiß als glaubt. Dann aber ist er in einem ganz besonderen Dilemma: Zum einen kennzeichnet die Wissenschaften mehr als alles andere ein Prinzip, dass nämlich jede Wirkung ihre Ursache hat beziehungsweise jede Existenz ihren Ursprung. Zum anderen müssen in dem Kontext sowohl die Materie, aus der er selbst besteht, als auch die Gesetze, denen sie folgt, gerade im wissenschaftlichen Sinne ihren Grund und ihren Ursprung haben. Und es muss gerade einen Wissenschaftler interessieren, welcher Grund und welcher Ursprung das ist.

Hier tut sich aber noch ein weiteres Dilemma auf, gemäß dem selbst Gott diese Frage nicht beantworten könnte; denn er könnte uns erklären, warum die Materie existiert, aus der wir selbst bestehen und woher die Gesetze stammen, denen diese folgt. Für sich selbst jedoch hätte er dasselbe Problem, das auch wir haben, denn er könnte sich kaum selbst erschaffen haben. Und selbst wenn das möglich wäre, würde er nicht wissen, warum es möglich ist und wer wiederum dafür die Voraussetzungen schuf.

Und als ob das nicht alles schon schlimm genug wäre, gibt es noch ein drittes Dilemma von weit grundsätzlicherer Natur als den beiden erstgenannten, dass nämlich die Zeit vor Tagesanbruch der Erkenntnis im Dunkeln liegt und sich auch nicht im Nachhinein durch uns oder durch unsere wissenschaftliche Methodik beleuchten lässt. So wie die Lichtgeschwindigkeit ein kosmisches absolutes Limit darstellt, gibt es mit höchster Wahrscheinlichkeit auch ein Erkenntnislimit von kosmischer Gültigkeit, einen Grund des „Ozeans der Existenz", den wir nie erreichen können, weil unsere gesamte Erkenntnisgewinnung innerhalb unserer existierenden Welt immer nur in der Nähe der Oberfläche stattfindet, an der wir geboren wurden und an der wir unser Leben lang bleiben. Die Erkenntnis, woher alles kam und warum es überhaupt da ist, liegt dagegen am unerreichbaren Grund allen Seins in völlig anderen und für uns unerreichbaren Dimensionen als jenes eher oberflächliche „Wie geht denn das?", dem Mathematik und Physik zumindest halbwegs erfolgreich nachzuspüren in der Lage sind.

Der Atheist kann hier allenfalls zu der Aussage kommen, dass sich die Frage nach dem Grund des Seins nicht ergründen lässt und dass er deshalb seine persönliche Lebensenergie nicht in eine Suche stecken möchte, die einen Erkenntnisgewinn grundsätzlich nicht erlaubt. Das ist durchaus legitim. Ob es jedoch klug oder weitsichtig ist, das wollen wir durchaus hinterfragen; denn ist es nicht so, dass die Frage, woher das Universum kam und woher damit wir selbst kamen und wo wir hingehen, die interessanteste Frage ist und bleibt, der Menschen überhaupt nur nachgehen können? Und dass die großen Philosophen, die sie zumindest weiterdenken könnten, dabei kneifen, macht die Sache nicht einfacher. Denn damit wird das anspruchsvollste Feld der Fragen nach dem Woher und Wohin allein den Gläubigen überlassen, die nicht einmal an der Oberfläche, an der sie selbst herumschwimmen, erklären können, warum ihre in Erklärungsversuchen zappelnden Hände und Finger lauter kleine Wellen erzeugen.

Betrachten wir nun einen Menschen, der sich auf sein religiöses Buch oder auf entsprechende Überlieferungen beruft und für den es nach seinem Glauben einen tröstenden und helfenden Gott gibt. Wir stellen ihm dieselbe Frage, warum die Materie existiert, aus der er selbst besteht, und warum die Gesetze existieren, denen sie gehorcht.

Er würde antworten, dass Gott alles geschaffen hat. Das ist aber auch eine Killerphrase, denn unser Gläubiger sagt in anderen Worten: „Ich weiß es nicht, aber ich konstruiere mir einen Satz, in dem jemand vorkommt, der es angeblich weiß, und ich tue so, als ob ich ihn kenne, aber ich kenne ihn gar nicht, und so oder so sagt er es mir auch nicht.“

Der biblische Gott erschuf die Welt, ob nun, wie es das Buch Genesis mythologisch erklärt, in sechs Tagen oder in einem Urknall. Was zu der Frage motiviert: „Lieber Gott, woher stammt die Materie, aus der du die Welt erschaffen hast?“ Gott würde, wenn er überhaupt antwortet, sagen: „Die habe ich aus dem Nichts geschaffen.“ Worauf wir neugierig nachhaken: „Und woher stammst du? Hast du dich auch aus dem Nichts erschaffen?“ Und er sagt: „Nein, ich habe immer schon existiert." So wie es Jesus an einer Stelle im Neuen Testament in Worte fasst: „Ehe Abraham ward, bin ich." (Joh 8:58).

Eine Aussage der Art, etwas habe immer schon existiert, besagt nur, dass für dieses Etwas die Zeit kein Parameter ist, der es verändert. Und sie beantwortet nicht die Frage, wo es in seiner ewigen Statik herstammt. Und es ist eine andere Art, kleinlaut zuzugeben, man habe keine Ahnung.

Nächste Szene: Ein Gläubiger trifft auf einen Verkehrspolizisten und fragt: „Wo bitte geht es zum Bahnhof?" Der Schutzmann ist auch tiefgläubig und sagt: „Frag Gott, der weiß es, und er hat in seiner ewigen Güte auch alles erschaffen, dich und auch den Bahnhof, aber er wird dir sowieso nicht antworten, und er wird dir auch niemanden schicken, der dir den Weg zeigt."

Es wäre für den Wegsuchenden im Großen und Ganzen weit hilfreicher gewesen, der Polizist hätte ihm gesagt: „Ich habe keine Ahnung wo der Bahnhof ist", aber damit lassen sich – im übertragenen Sinne – keine Menschen willig fernsteuern und für eigene niedere und alles andere als göttliche Machtziele missbrauchen, und es lassen sich damit wohl auch keine Abgaben einfordern.

Bevor man dies nun als Unsinn oder allenfalls als Humoreske abtut: Das Beispiel mit dem Bahnhof ist alles andere als banal. Wenn es einen Gott gibt, und er hilft, und ich muss den Weg zum Bahnhof wissen, denn meine Frau ist hochschwanger, und wir müssen in die Klinik, warum sagt er mir nicht, wo der verdammte Bahnhof ist? Warum brauche ich ein Navi oder einen netten Mitbürger, der es mir beschreibt?

Nein, nein, es ist alles andere als banal, denn wenn es einen persönlichen Gott gäbe, der mit mir spricht, und er hilft mir nicht einmal dabei, den Bahnhof zu finden, wobei soll er mir denn bitte dann helfen? Gesund zu werden? Geld zu verdienen? Eine nette Familie zu haben? Vergiss es! Wenn du es nicht selbst schaffst, macht es keiner für dich, und Gott noch am allerwenigsten.

Ein Gott, der allmächtig ist und der zu uns Gläubigen in Verbindung tritt und der in der Welt schaltet und waltet, der würde mir sofort sagen, was Sache ist. Meinethalben ohne Worte, als Zeichen. Ich würde es einfach wissen, kraft seiner göttlichen Eingebung. Er könnte es doch! Ganz leicht! Und stelle man sich dieses Bild vor: Er ist da, und er könnte es, aber er tut es nicht. Und dann guckt er zu, wie der Depp schon wieder Fehler macht, und lacht sich kaputt in seinem ewigen Himmel …

Nein. Es ist hier etwas oberfaul an der jahrtausendealten Vorstellung von einem Gott, wie unsere Vorfahren sie sich zurechtlegten, als sie noch nicht einmal wussten, warum es manchmal donnert.

Nun sind also weder der Atheist noch der Gläubige auch nur einen Schritt weiter.

Gibt es einen Ausweg, und wenn ja, was ist dann die Lösung? Nun, sie ist ganz einfach: Gott ist so unendlich viel größer als alles, was Religionen je beschrieben haben, dass allein diese Größe schon für alle Zeiten unbegreiflich bleiben wird. Denn er ist das Universum. Er ist der Kosmos in seiner ewigen Existenz und in seinem göttlichen Wandel, er ist das Sein anstatt des Nichtseins. Er ist all das, was wir grundsätzlich nie beantworten können, er bewegt die Dimensionen, die sich außerhalb unserer eigenen Dimensionen befinden, er ist der Grund des Ozeans den wir nie erreichen werden.

Die Antwort ist also ganz einfach, denn der Atheist hat nun dasselbe Bild wie der Gläubige, nur verwendet er den Begriff „Gott" nicht, sondern „Universum", und damit ist es für ihn in seiner begrenzten Neugier gut. Für den Gläubigen bedeutet es den Verzicht auf die Idee eines persönlichen Gottes, dafür bleibt ihm die romantische Offenheit, vom Grund des Ozeans zu träumen und die Geborgenheit seines Universums zu spüren, deren Teil wir alle sind, als Kinder des Kosmos, oder, wie es die Gläubigen der Zukunft sagen würden, als Kinder Gottes.

Der Gläubige und der Atheist treffen sich fortan in derselben Welt und haben auf diese dieselbe Sicht. Nun wird auch klar, warum Gott uns keine Lösungshinweise zu unseren aktuellen Problemen gibt. Gott gibt uns ein ganzes Universum und das ganze Leben dazu, damit wir es erleben, erobern und bewältigen. Er gibt uns einen Planeten und noch viel mehr, aber der Rest der Bibel lässt sich in einem einzigen Satz schreiben, und der lautet: „Macht was draus!" Was, das ist unsere Sache. Wenn wir am Vulkanfuß siedeln oder uns die Köpfe einschlagen, dann sind wir selbst dran schuld, und wenn ein Meteorit einschlägt, dann wissen wir, es gibt nur diese Art von Universen, mit gewissen Unbilden und mit mancher stellaren Explosion, und wenn wir leben wollen, dann müssen wir mit den Katastrophen, die dazugehören, klarkommen. Und etwas draus machen.

Er ist der Schöpfer der Voraussetzungen. Der Rest ist unsere Sache. Er ist der Garant der Naturgesetze. Sie zu erfassen ist unsere Aufgabe. Er ist der Gral der Weisheit, die in ihrer eigenen Existenz liegt und deren wahre Größe sich erst dem erschließt, der die grundsätzliche Unbeantwortbarkeit jeder Frage nach dem Warum des Lebens anerkennt. Warum existieren wir? Wir wissen es nicht, und wir werden es nie wissen. Und das ist gut so; denn nur so haben wir die Chance, für alle Zeiten von Neugier erfüllt zu bleiben. Das ist das größte Geschenk eines intellektuellen Kosmos an seine Kinder und es ist so viel mehr wert, als eines fernen Tages die Antwort zu wissen, und es gibt nichts mehr zu entdecken. Was für ein Albtraum!

Gott ist die Existenz an sich. Er ist Mathematik und Kunst, Musik und Liebe, er gibt uns ein ganzes Universum und damit gibt er uns sich selbst. Was wollen wir mehr! Etwas daraus machen, das ist unser Sinn, und vielleicht erschließt sich uns der Grund des Ozeans am Ende doch, aber dies ganz sicher nicht naturwissenschaftlich, sondern allein philosophisch. Faust ist in der Gretchenfrage weiter auf der Suche, und die beruhigende Wahrheit ist: Er wird es, in Gott, und in göttlicher Fügung, immer bleiben.

Und so beenden letztlich alle Wesensformen ihre Existenzen mit der fernen Auflösung ihres jeweiligen Universums so, wie sie gekommen sind: als Suchende vor dem Angesicht Gottes.

Die Auflösung der Existenzen auf der individuellen Ebene ist dabei sinnvoll, denn jedes Ich-Bewusstsein ist auf die Dauer überfrachtet mit Erfahrungen und Erlebnissen, die zu keiner weiteren Entwicklung mehr führen, sondern die nur noch in einem Erstarren und in Blockade enden. Und auch der Müll irregeleiteter Vorstellungen, der sich manchmal über Jahrhunderte, über Jahrtausende oder sogar über Millionen von Jahren angesammelt hat, führt ins Nichts und löst sich im Untergang der Existenzen wieder auf.

Weit hergeholt? Mitnichten. Max Planck, befragt, wie sich neue Erkenntnisse und Innovationen denn nach seiner Erfahrung durchsetzen, beantwortete dies sinngemäß wie folgt: „Sie setzen sich nicht durch, aber ihre Gegner sterben aus."

Trotz unseres Hangs zum Verlust der Flexibilität und zur inneren Blockadebildung sollten wir versuchen, fehlgeleitete alte Vorstellungen, die nur wenigen dienten und vielen schadeten und weiterhin schaden, von zielführenden Philosophien und Weltanschauungen zu unterscheiden, die den Weg in neue helle Epochen für alle öffnen.

Reifte in diesem Kapitel die Erkenntnis, dass sich Atheisten und Gläubige auf derselben Plattform treffen können, so sind weitere Erkenntnisse die Garanten für Fortschritte der Menschheit, die unsere Nachfahren ans Licht und nicht in die Dunkelheit führen.

Dabei muss eine Erkenntnis womöglich die sein, dass beides für den Erfolg nötig ist: erstens die herausragende Bildung Einzelner, die, nicht nur metaphorisch gesprochen, die Welt der Zukunft bauen, und zweitens die grundlegende Frage, wie hoch das allgemeine Bildungsniveau und im Sinne gemeinsamer Plattformen auch das zivilisatorische Niveau aller sein wird, da die Gesamtheit aller Menschen zumindest

dafür sorgen muss, dass der Planet Erde, die erste entscheidende Plattform der Raumschiffe, die uns vor der Vernich-
tung retten werden, erhalten bleibt und sich konstruktiv entfaltet.

Nachwort

Knapp vor dem Einmarsch der russischen Truppen in den Ostteil Deutschlands waren meine Mutter und ich als Flüchtlinge aus Schlesien in unsere Heimatstadt Köln zurückgekehrt, nach vielen Jahren und auf abenteuerlichen Wegen.

In der folgenden Nachkriegszeit erlebte ich dann mit, wie die Deutschen das zerstörte Land aus Trümmern neu aufbauten. Die Trümmerfrauen beherrschten nicht nur in Berlin das Bild, sondern sie taten das eigentlich überall.

Abb. 24: Trümmerfrauen beim Wiederaufbau in Koblenz

Für Kinder war es sicher nicht ganz das, was man unter einer idealen Zeit verstehen würde.

Insbesondere gab es für diejenigen, die wissbegierig waren, nur wenige Möglichkeiten, die Neugierde zu stillen. Der Fernsehbetrieb in Deutschland wurde erst 1952 aufgenommen. Selbst die Zeitungsverlage und Rundfunkanstalten fingen erst langsam wieder an, sich zu organisieren, und sogar Kinos waren vorerst noch eine Rarität. Es gab jedoch eine zunächst noch recht beschränkte Auswahl an Büchern, die man in bald nach dem Krieg neu eröffneten Geschäften in geringem Umfang erhalten konnte. Überwiegend zu Anfang auf Leihbasis, denn der Nachschub ließ noch sehr zu wünschen übrig. In einer kleinen Kölner Bücherstube fand ich bald meine ersten Lektüren.[20]

Abb. 25: Buchhandlung um 1945

---

[20] Hier als Beispielfoto die Buchhandlung Heyn in Klagenfurt, Österreich.

Und so las ich alles, was ich in die Finger kriegen und finanzieren konnte. Das Geld dazu verdiente ich in diesen Jahren mit dem Schrott aus den Trümmern aufgegebener Häuser, den ich dort einsammelte und sortierte und dann an die Schrotthändler der Gegend verkaufte.

Die Stimmung zu der Zeit war merkwürdig und doch positiv: Nach einer Epoche kriegerischer Zerstörungen gewann zwangsweise, durch den Sieg der Alliierten, die Vernunft die Oberhand, und es ging mit vereinten Kräften aufwärts, der legendären deutschen Wirtschaftswunderepoche entgegen.

Dass ich heute, gute sieben Jahrzehnte später also, kaum eine wichtigere Aufgabe für mich sehen würde, als selbst ein Buch zu schreiben, das vor einem erneuten Untergang warnt, und zwar vor einer Katastrophe in noch weitaus dramatischerem Umfang als dem des Zweiten Weltkriegs, das hätte ich damals sicher als Letzter geahnt.

Meine Literatur bestand zunächst aus den klassischen Jugendbüchern von Karl May und aus anderen Abenteuer-Schmökern. Bald darauf fielen mir die ersten Science-Fiction-Erzählungen in die Hände, die mich in ihren weit gesteckten zeitlichen und thematischen Horizonten und der ihnen eigenen Inspirationskraft mein Leben lang nicht mehr loslassen sollten.

In den darauffolgenden Jahren las ich alles, was an Zukunftsromanen irgend erreichbar war, wobei ich natürlich auch die Klassiker von Jules Verne verschlang. Ob es Kapitän Nemo war mit seiner *Nautilus* und der 20 000 Meilen langen Reise unter dem Meer, oder ob es um die Reise zum Mittelpunkt der Erde ging oder auch um den Raumflug zum Mond.

Abb. 26: Illustration zu Jules Verne, Von der Erde zum Mond

Ich konnte einfach nicht genug davon bekommen, ganz egal, ob das Kanonenmodell des Mondflug-Romans nun in der Praxis funktioniert hätte oder nicht und auch ungeachtet der Tatsache, dass das Phänomen der Schwerelosigkeit nicht ganz genau richtig beschrieben worden war. Im Kontext der gewaltigen Faszination, die von diesen Geschichten ausging, spielte das überhaupt keine Rolle.

Insbesondere liebte ich an den Jules-Verne-Büchern auch die herrlichen Illustrationen von Édouard Riou und Henri de Montaut, in denen man allein schon mit seiner kindlichen Fantasie vollkommen versinken konnte.

All dies geschah mit einer ganz besonderen Stimmung, denn in der Zeit, die Jules Verne so fesselnd beschrieben hatte, lebte ich ja nun: U-Boote, die die Weltmeere durchkreuzten, gab es ja bereits, und selbst die Reise zum Mond wurde mit dem Apollo-Programm der NASA in den 1960er Jahren Wirklichkeit, und sie begeisterte mich ebenso wie wohl die meisten meiner Zeitgenossen.

Das Apollo-Programm und mit ihm der erste Aufbruch der Menschheit ins All gruben sich tief in meine Gedanken ein, und seit der Zeit fragte ich mich immer wieder, ob das nur ein Abenteuer sei oder nichts als ein Katalysator für technologische Entwicklungen, die letztlich auf der Erde selbst ihren Nutzen stifteten.

Und doch kam ich mit den Jahren mehr und mehr zu der Überzeugung, dass es alles andere war als ein reiner Technologie-Brutkasten. Es war nicht nur der geschichtlich gesehen konsequente, sondern womöglich auch der zwingend erforderliche Schritt, den die Menschheit gehen muss, um ihre eigene Zukunft zu sichern.

Abb. 27: Astronaut auf dem Mond, 1969

Wenn die Zeitfalle, um die es in diesem Buch gehen soll, auf der Erde so massiv zuschlägt, dass hier ein Überleben zeitweise nicht möglich sein wird, dann wird der Weltraum, respektive ein anderer Himmelskörper, für uns zum einzig möglichen Überlebensraum werden.

Bei all den Betrachtungen fesselte mich aber auch weiterhin die Literatur, etwa die Gesellschaftsutopien von Aldous Huxley und George Orwell, und ich stellte mir ganz neue Welten auf der Basis weiterentwickelter, positiver Gesellschaftsmodelle vor.

Ich machte mir Gedanken über die Roboter-Ideen von Isaac Asimov, las Bücher von Hans Dominik über mögliche Erfindungen und Entdeckungen.

Auch Frederik Pohl, einer der am meisten ausgezeichneten Science-Fiction-Autoren seiner Zeit, gehörte zu meinen Lieblingsschriftstellern, da er seine Erzählungen fast über die gesamte Breite denkbarer Zukunftsthemen veröffentlichte.

In meiner späteren Jugendzeit veränderte sich mein Leseverhalten, denn Science-Fiction war interessant, aber häufig unkonkret. So kam es zu einem Bruch mit der Science-Fiction-Literatur, wobei die allgemeine Stimmung und die Aufnahmebereitschaft für alle Gedanken, die sich auch der langfristigen Zukunft widmeten, zu jedem Zeitpunkt wach blieben.

Aus der jugendlichen Begeisterung für Zukunftsutopien entstand jedoch während meiner Berufsausbildung und in den nachfolgenden Berufsjahren eine neue Leidenschaft: Ich beschäftigte mich mit Physik und der Astronomie, las populärwissenschaftliche Bücher solcher Autoren, die auf wissenschaftlichem Gebiet anerkannt waren und die dem Laien erklären konnten, worauf es ankam, und ergänzte das Bild fallweise durch die Lektüre wissenschaftlicher Abhandlungen zu bestimmten Themen, die mich besonders interessierten.

Abb. 28: Isaac Asimov: Ich, der Robot (1952)

Es blieb dabei letztlich auch nicht aus, dass sich die wachsende Menge der gesammelten Eindrücke in meinem Kopf bald in einer für mich einstweilen noch ungewohnten Verpackung wiederfanden: der der Philosophie, denn allein sie kann, so sehe ich das zumindest, die ganz großen Zusammenhänge und die Gesamtbilder herstellen.

Als kleine Kostprobe mag man sich klarmachen, dass die alten Griechen die Existenz von Atomen auf der Basis logischer philosophischer Überlegungen vorhersagten. Demokrit stellte diese Schlussfolgerungen um 500 vor Christus an, und es sei die vergleichende Frage gestellt, welche Bilder wir heute im Kopf haben, anlässlich derer uns unsere späten Nachfahren in über 2500 Jahren als kluge Denker einstufen könnten. Da wird wohl nicht viel sein. Es ist ja weitgehend nicht einmal etwas da, was zumindest die nächsten 100 Jahre abdecken könnte.

Und das ist sehr bedauerlich, denn nach allem, was ich im Leben lernte, sind es vor allem die ganzheitlichen Bilder, und hier insbesondere die langfristigen, die uns am meisten fehlen, und zwar, weil deren erneutes Aufspüren, sofern es denn gelänge, die ganze Menschheit erneut so deutlich voranbringen würde, dass sie am Ende nicht Gefahr liefe, steckenzubleiben oder sogar ganz unterzugehen.

Und mein resultierender Eindruck ist, mit Verlaub, der, dass wir unsagbar oberflächlich geworden sind, gerade so wie die sensorische Schicht eines Touchscreens, und flach wie das zugehörige Smartphone.

Abb. 29: „Mobile Lovers" des Straßenkünstlers Banksy

Es kann uns in dem Sinne gar nicht flach genug sein, und das ist ebenso schade wie es gefährlich ist: Wie Banksys „Mobile Lovers" leben wir so an den wirklich wichtigen Dingen vorbei, bleiben an der Oberflächlichkeit des passiven Konsumierens grellbunter Bildchen hängen, während die großen Gesamtbilder allesamt fehlen.

Am Anfang meiner Auseinandersetzung mit wissenschaftlichen Erkenntnissen waren viele der physikalischen Zusammenhänge für mich schwer verdauliche Kost. Mit der Zeit wurde es aber leichter, die Zusammenhänge zu begreifen, was dazu führte, dass ich mich nun erneut für die langfristige Zukunft zu interessieren begann, diesmal jedoch unter wissenschaftlichen und philosophischen Aspekten, verbunden mit gesellschaftspolitischen Ideen.

Ein Buch, das mich in diesem Zusammenhang sehr beeindruckte, war *Das Weltbild des modernen Menschen – das All, die Erde, der Mensch, der Sinn des Lebens* (1937) von Bruno H. Bürgel. Bürgel war ein deutscher Schriftsteller und Wissenschaftspublizist, der sich vor allem um die Verbreitung astronomischer Kenntnisse verdient gemacht hat. In seinem Kapitel zum Thema der Menschheit prophezeite er in beeindruckender Voraussicht, dass die menschgemachten Katastrophen wie Kriege nicht die einzige Bedrohung für das Leben auf der Erde sein werden. Er sah Probleme auch in der langfristigen Wasserversorgung und in der Stabilität der Atmosphäre, und konfrontierte so die Menschen bereits im frühen 20. Jahrhundert mit den aktuellen und den kommenden Problemen unserer Zeit.

In den darauffolgenden Jahrzehnten wurde die fundierte Zukunftsforschung zu einem eigenen Wissenschaftszweig. Methoden wie die Delphi-Befragung wurden entwickelt, als mehrstufiges Befragungsverfahren mit Rückkopplung und Schätzmethodik, um künftige Ereignisse und Entwicklungen möglichst gut beurteilen zu können. Und natürlich erhielten mit der Einführung der Computer bald auch digitale Simulationen Einzug in diese Disziplin. Dennoch bleibt die Zukunft so oder so, was sie immer war: unberechenbar und voller Überraschungen.

Doch je mehr ich mich mit der Zukunftsforschung beschäftigte, desto kritischer wurde meine Einstellung gegenüber vielen ihrer Gurus. Insbesondere sah ich deren weit verbreiteten Optimismus bald mehr als ein Verkaufsinstrument ihrer Bücher denn als ernsthafte Entwürfe eines ehrlichen und faktenbasierten Bildes über die Zukunft der Menschheit.

Zwar lässt sich nicht leugnen, dass eine positive Voraussage, auch mit Blick auf die Kraft sich selbst erfüllender Prophezeiungen, ein mächtiges Motivationsinstrument darstellen kann.

Aber dennoch muss ich gestehen, dass im Laufe der Jahre, gerade auch in philosophischem Licht betrachtet, in meinem Kopf eine zunehmend kritische Sicht unserer Welt entstand. So, wie in vielen aus meiner Generation, entwickelte sich nun auch in mir erstmals ein Gefühl für die Begrenztheit der Ressourcen und für die problematischen Folgen eines allzu schnellen Wachstums.

Die menschliche Zivilisation setzt sich auf diese Weise ebenso den fatalen Konsequenzen von zunehmenden Umweltbelastungen aus wie der weltweiten deutlichen Zunahme ethnischer und religiöser Spannungen.

Auf diese Weise aufmerksamer geworden für die kritischen Fragen unserer Zeit las ich weiter. Die Ausführungen des Club of Rome an erster Stelle. Und doch bereitete mir bei alldem vor allem eines mehr und mehr Kopfzerbrechen: dass man nun zwar über Chancen und Risiken, über Ressourcen und über Zukunftskorridore sowie über Krisen und über Lösungswege, sie zu überwinden, diskutierte, jedoch bei alldem über eines hinwegging, als sei es irrelevant. Nämlich über die womöglich sehr begrenzte Zeit, die der Menschheit für eine Lösung ihrer Aufgaben zur Verfügung steht.

Abb. 30: Die Grenzen des Wachstums (1972)

Um dies an einem Bild zu verdeutlichen: Wenn die Straße nach dem großen Tsunami überflutet wird, und ich will mit dem Auto noch raus aus dem tödlichen Chaos, weit weg, um auf einer fernen Anhöhe zu überleben, dann ist die Zeit ein kritischer Faktor. Vor der herandonnernden Flut aus Wassermassen und zerstörerischem Treibgut kann man nicht stehen bleiben und lange Diskussionen anfangen, etwa darüber ob der Motor Wasser schlucken wird oder nicht, sondern es gibt einen kurzen Moment, an dem es noch gelingen kann, zu wenden und davonzubrausen, und danach ist es vorbei. Wenn man den Moment nicht erwischt, dann war's das, und der Tod überlegt sich dann allenfalls noch, ob er das Wasser nimmt oder eine umstürzende Betonwand oder beides.

Der Zeitaspekt ist also extrem wichtig, besonders dann, wenn es um Krisen geht und um die Chance, noch unbeschadet aus der Sache herauszukommen. Und das gilt im Großen wie im Kleinen. So wissen Notärzte aus der Unfallmedizin, dass die Überlebenschancen eines Unfallopfers ganz entscheidend steigen, wenn die ärztliche Hilfe schnell genug am Unfallort ist. Hier zählen mitunter Sekunden, was erklärt, warum Rettungsdienste Hubschrauber einsetzen. Es geht nicht um den Komfort des Patienten, dies noch nicht einmal unter medizinischen Aspekten. Nein, es geht vor allem darum, die Zeit bis zur medizinischen Versorgung zu verkürzen.

Neben dem Ignorieren des Zeitaspektes fiel mir noch auf, dass selbst bei vielen prominenten Zukunftsforschern technische Entwicklungen allzu linear in die Zukunft prognostiziert werden. Das führte, wie es für die älteren Prognosen die nachfolgenden Jahrzehnte aufzeigen, häufig zu ganz erheblichen Fehlspekulationen.

Dergleichen widerfuhr nicht allein den Amateuren, sondern auch den Koryphäen: Herman Kahn etwa galt als einer der führenden Zukunftsforscher seiner Zeit. Der 1922 in New Jersey geborene Physiker und Mathematiker war Mitbegründer und Leiter einer berühmten Zukunftsforschungsanstalt, dem Hudson-Institut in den USA.

In seinem Buch *Ihr werdet es erleben* (1967) führte er unter anderem folgende Voraussagen der Wissenschaft bis zum Jahre 2000 aus:

- Menschlicher Winterschlaf, der sich über relativ lange Perioden (Monate oder Jahre) erstreckt.
- Dauernd bemannte Satelliten- und Mondstationen, interplanetarische Reisen.
- Dauernd bewohnte Unterseestationen, vielleicht sogar Unterseekolonien.
- Weitgehende Verwendung von Robotern und Maschinen als „Sklaven" der Menschen.
- Vermehrte Verwendung von unterirdischen Bauten.
- Flugplattformen für Einzelpersonen.
- Weltraumverteidigungssysteme.
- Künstlich angeregte und geplante, vielleicht programmierte Träume.
- Künstliche Monde und andere Techniken des Beleuchtens von großen Flächen bei Nacht.

Die meisten Ereignisse oder Entwicklungen sind zur prognostizierten Zeit noch längst nicht eingetroffen, und manche werden womöglich überhaupt nie eintreffen. Dafür haben jedoch andere revolutionäre Entwicklungen, etwa die der Computertechnik und des Internets, gravierende Veränderungen ausgelöst, die nicht etwa linear, sondern exponentiell verliefen – Entwicklungen, von denen der Zukunftsforscher Kahn gar nichts ahnte.

Hier, bei den beiden Unzufriedenheiten des Fehlens des dynamischen Aspektes einerseits und der Fehljustierung der Prognosen andererseits begann mein Entscheidungsprozess für ein eigenes Buch. Und zwar für eines, das nicht nur zusammenträgt, was ich aus einem Leben des Lesens der unterschiedlichsten Quellen und Autoren an Schätzen bergen und miteinander in Zusammenhang bringen konnte, sondern das auch kritische Fragen der zeitlichen Dynamik aufgreifen würde, wie solche zu nichtlinearen Veränderungen. Die gibt es nämlich nicht nur im Positiven, sondern vermutlich auch im Negativen, und man sollte sich auch dessen bewusst sein.

Ich gab dem Buchvorhaben den Titel: „Die Zeitfalle“. Sein Leitthema ist dabei auch orientiert an Überlegungen wie denen von John Casti in seinem Buch *Der plötzliche Kollaps von allem: Wie extreme Ereignisse unsere Zukunft zerstören können* (2012).

John Casti ist promovierter Mathematiker und lehrte als Professor unter anderem an der Technischen Universität Wien. Er ist einer der größten Komplexitätsforscher weltweit und Berater internationaler Regierungen und gibt den größten Gefahren der Menschheit einen Namen: X-Events, extreme Ereignisse, die uns völlig überraschend treffen und dramatische Folgen haben.

Dabei sind Flugzeuge, die ins World Trade Center fliegen oder die Fukushima-Katastrophe in Japan bei weitem noch keine X-Events. X- Events sind vielmehr Ereignisse wie Asteroideneinschläge. Als ein Beispiel kann jener Einschlag angesehen werden, der vor etwa 65,5 Millionen Jahren die mexikanische Halbinsel Yukatan traf und binnen weniger Jahre in einem der größten Artensterben auf unserem Planeten resultierte und unter anderem auch zur Auslöschung der Dinosaurier beitrug, mit Ausnahme der Seitenlinie der Vögel, die aus denselben Vorfahren hervorgingen. X-Events sind auch Ereignisse wie der Ausbruch des Toba-Supervulkans, der vor etwa 75 000 Jahren die frühe Menschheit um Haaresbreite ausgelöscht hätte. Zu unserem Glück dezimierte er sie wohl nur stark, und wir bekamen unsere Chance.

Solche folgenschweren Katastrophen sind nicht nur Teil unserer Vergangenheit, sondern unausweichlich auch Teil unserer Zukunft. Und sie sind brandgefährlich; denn die ausufernde Komplexität unserer globalen Gesellschaft macht uns nicht unbedingt weniger anfällig. Im Gegenteil, eine Gesellschaft, in der 90 Prozent der Bevölkerung noch in der Landwirtschaft tätig waren und die so eine sich dezentral quasi selbst versorgende Kultur darstellte, mag als Ganzes weitaus robuster gegen globale Störungen der landwirtschaftlichen Produktion gewesen sein als unsere heutige Bevölkerung mit ihren weit über 90 Prozent der Menschen, die Lebensmittelversorgung nur noch aus den Supermarktregalen kennen. Sollten diese etwa nach einer Supervulkan-Katastrophe bereits nach wenigen Tagen leer bleiben und sich auf Monate oder Jahre hin nicht mehr füllen, dürfte dies für die meisten von uns gravierende, wenn nicht tödliche Folgen haben.

Sofort würde man in einer entsprechenden Diskussion auf

abwiegelnde Argumente der Art treffen, dass ja ein Supervulkan- Ausbruch nicht unmittelbar bevorstehe und dass man deshalb in den nächsten tausend Jahren wohl noch nicht damit rechnen müsse. Und genau hier setzt der eigentliche Kernpunkt meiner Überlegungen an, dass nämlich, wer immer beruhigend äußert, das nächste X-Event komme sicher erst in tausend Jahren, damit automatisch annimmt, dass man demnach noch mehr als genug Zeit hätte, um sich darauf vorzubereiten. Und genau das ist der Denkfehler: Der Weg nämlich, um das nächste X-Event zu überstehen, auch wenn dies erst in tausend Jahren kommen sollte, ist bereits heute ein steiler Pfad über einen sehr hohen Berg, auf dem es ein erstes sicheres Camp zu erreichen gilt, lange bevor das X-Event eintritt. Und es kann sein, dass die Menschheit, wenn sie nicht binnen der nächsten fünf Jahre losmarschiert, ein für alle Mal ihren Untergang besiegelt. Warum? Ganz einfach: Weil dann die Zeit nicht mehr dafür ausreicht, um den zurückzulegenden Weg zumindest zum ersten halbwegs sicheren Punkt zu bewältigen.

Machen wir das Beispiel konkret anhand des geschilderten Supervulkan-Ausbruchs und des viele Jahre dauernden vulkanischen Winters, der die unausweichliche Folge eines solchen Ausbruchs wäre. In einem solchen Desaster die Menschheit zu ernähren wird den Aufbau von Farmen nötig machen, die auch im vulkanischen Winter und unter dem Störeinfluss der weltweit niedergehenden Vulkanasche Lebensmittel produzieren können, etwa in künstlich beheizten und beleuchteten Hallen, denen weder die Vulkanasche et-

was anhaben kann noch das für lange Zeit fehlende Sonnen-
licht.

Der Aufbau einer solchen Infrastruktur, wenn sie denn
nennenswerte Teile der Weltbevölkerung versorgen können
soll, würde ganz sicher Jahrzehnte, wenn nicht Jahrhunderte
erfordern. Selbst das ist aber nicht das Kernproblem.

Das Kernproblem ist, dass niemand in Richtung des sicheren Camps losmarschiert. Stattdessen wartet man, bis es
knallt, um dann festzustellen, dass binnen weniger Tage die
Supermärkte der Welt tatsächlich leergekauft sind und keinerlei Nachschub mehr kommt, auf Jahre hinaus.

Das ist also die Charakteristik der Zeitfalle, um die es in
diesem Buch gehen soll: Die Frage ist also nicht, ob ein X-
Event erst in tausend Jahren kommt, und die Frage ist auch
nicht, ob man einen vulkanischen Winter überleben könnte.
Das könnte man, denn die Frage ist, ob man früh genug an-
fängt, sich vorzubereiten. Ein frühes Losmarschieren wäre in
vierfacher Hinsicht klug:

Erstens würde nämlich so das Überleben der Menschheit
garantiert, die auf diese Weise ihr sicheres Basiscamp beim
Einschlag des nächsten X-Events rechtzeitig erreicht hätte.

Zweitens würden sich bereits in der Zeit vor dem nächsten
X-Event dramatisch positive Wirtschaftseffekte zeigen. Und
der Punkt könnte ganz entscheidend sein; denn er bietet einen Weg, heutigen aktuellen Wirtschaftskrisen zu begegnen,
und nicht nur sich in weiser Voraussicht auf ein sehr weit in
der Zukunft liegendes Ereignis vorzubereiten.

Man stelle sich einfach nur die Baumaßnahmen für die

weltweiten Megahallenfarmen vor, dazugehörige regenerative Kraftwerke etwa geothermischer Art, und den Aufbau der gesamten neuen Infrastrukturen. Das wären gigantische und sinnvolle Wirtschaftsprogramme mit positiven Impulsen, wie sie in den besten Wirtschaftsphasen anzutreffen waren, die die Welt jemals sah, etwa im Nachkriegsdeutschland, von dem ich zuvor bereits kurz berichtete.

Drittens würden sich im Lauf der vorbereitenden Zeit mehr und mehr ökologisch positive Konsequenzen ergeben: Nehmen wir zur Illustration noch einmal das Beispiel der Farmen in großen Hallen, die, künstlich beleuchtet und womöglich in vielen Pflanz-Etagen übereinander, nicht mitten in der Natur stünden, sondern nah an den Metropolen. Ihre Folge könnte sein, dass der Natur in weiten Teilen wieder mehr Platz gegeben und all den bedrohten Arten mehr Lebensraum geschaffen wird. Den frei lebenden Elefanten Thailands und Myanmars, den Orang-Utans in Borneo, den Tigern Sumatras und all den Tausenden anderen Arten, die die unkontrolliert in die ehemaligen Rückzugsräume der Natur eindringenden Menschen weltweit bereits heute bis an den Rand des Aussterbens in größte Gefahr brachten.

Und viertens würden aufziehende X-Events vielleicht das Feindbild der Menschheit in der Art korrigieren können, dass man nicht mehr auf seinen Nachbarn einschlägt, nur weil der eine andere Lebensart hat als man selbst, sondern dass man erkennt, wie sehr wir tatsächlich alle in ein und demselben Boot sitzen und wie wir dort alle gemeinsam bestehen oder aber alle gemeinsam untergehen werden.

Es wäre also tatsächlich klug, umgehend in großem Stil

und mit großer Entschlossenheit tätig zu werden, in einem globalen Aufbauprogramm einer nie dagewesenen Schaffenskraft und Dimension mit allen vier Zielen vor Augen, weg von Aggressionen untereinander hin zu gemeinsamer Anstrengung gegen das, was uns tatsächlich bedroht.

Vielleicht braucht es, die dazu nötigen Schritte zu tun, noch ein ergänzendes Bild im Kopf: das Bild nämlich, dass alle Generationen, die nach uns kommen, unsere Kinder sind. Denn wir sind es, die wir heute den Planeten bevölkern, die über deren künftige Existenz entscheiden. Versagen wir, so ist das nächste X-Event dann, vergleichbar dem Untergang der Saurier, mit höchster Wahrscheinlichkeit der Untergang der Menschheit, und die Auslöschung Hunderttausender nachfolgender Generationen, denen von vornherein jede Chance genommen werden könnte, in ein fantastisches Leben in einer hellen Zukunft hineingeboren zu werden und dort milliardenfach ihr Glück zu finden.

Genau in dem Sinne müsste die Menschheit sehr schnell vernünftig werden, um das in der mathematischen Logik Castis unter Umständen extrem knappe Zeitfenster ihrer Existenz zu nutzen, innerhalb derer die Entscheidungen über das Ja oder das Nein einer langfristigen Zukunftschance gefällt werden müssen.

Man erkennt hier die hohe Komplexität des Themas, denn bei der Betrachtung langfristiger Entwicklungen unserer Spezies geht es nicht nur um technische Fragen. Nein, es geht auch um ökonomische und ökologische Impulse und um die richtige Philosophie und Lebensauffassung, und dies nicht nur im Kontext der eigenen Generation, sondern vielmehr noch im Kontext derer, für die wir uns normalerweise recht wenig interessieren: Generationen, die uns erst in Hunderten oder Tausenden von Jahren nachfolgen können.

Daher wollen wir nicht, wie die meisten Zukunftsforscher, das, was schon war oder was sich irgendwie anzudeuten scheint, mehr oder weniger fantasievoll in die Zukunft extrapolieren. Vielmehr zäumen wir die Frage in diesem Buch von hinten auf und fragen aus der Zukunft heraus, in Gegenrichtung, und zwar wie folgt:

Welche X-Events lauern tatsächlich auf uns, denn deren Bedrohungen sind ja überraschend genau bekannt, und was ist nötig, um solch ein eintretendes dramatisches X-Event zu überleben?

Was sollten, beziehungsweise müssen wir also schaffen und bis wann, um eine Chance auf ein Überleben zu haben?

Bei dieser Herangehensweise ist nicht einfach nur die Zeitachse umgedreht, sondern es ist auch das analytische Instrumentarium grundsätzlich anders. Während man bei der bisher üblichen, in die Zukunft hineingerichteten Projektion von einem Status ausgeht, den man zu kennen glaubt, und alsdann in einen anderen Status hineinextrapoliert, von dem man meint, er könnte so eintreten, ist der rückwärtsgerichtete Vorgang eher der einer reziproken Planung, die ihre beiden Endpunkte im Grunde genommen recht genau kennt: einerseits den des Krisenszenarios der Zukunft, von dem man detailliert schon heute sagen kann, was benötigt werden wird, und andererseits den des in der Zeitachse deutlich vor diesem Szenario gelegenen Zielpunktes jener rückwärtsgerichteten Einmessung, der dort liegt, wo wir heute stehen.

Die Wahrscheinlichkeit, dass etwa ein Trend zur weiteren Individualisierung des Internethandels oder ein Vektor eher hin zu Instagram denn zu Facebook zu verzeichnen sein wird, kann nur vage geschätzt werden. Dagegen liegt die Wahrscheinlichkeit jedes wissenschaftlich bestätigten X-Events bei hundert Prozent. Denn die Frage dieser Ereignisse ist ja nicht, ob sie eintreten. Die Frage ist allein, wann das passieren wird. Ebenso ist unser konkreter Ausgangspunkt keine Sache von Wahrscheinlichkeiten, sondern ein Faktum.

Die Berechtigung unseres rückwärtskartierenden Ansatzes und insbesondere auch dessen Praktikabilität werden wir übrigens im Verlauf unserer Schlussfolgerungen so fundiert wie nur irgend möglich herzuleiten versuchen.

Lassen Sie sich ein wenig inspirieren im Geiste eines Optimismus, der weder im Erkennen von großen Gefahren noch im rechtzeitigen Ausweichen vor solchen potenziellen Katastrophen einen Widerspruch zu einer positiven Lebenseinstellung sieht.

Abbildungsnachweise

S. 13. https://www.google.com/maps/d/ viewer?mid= 14qYm 0LH8QvticLOfHYMNB-63dW8&hl=en_US&ll=- 3.81666561775622e-14%2C8.5731114999999982&z=1.

S. 17. © muratart / Shutterstock.com.

S. 22. © smbc-comics/Zach Weinersmith. Siehe https:// www.finanzen100.de/finanznachrichten/wirtschaft/ mount- stupid-diese-grafik-erklaert-endlich-warum-es- so-viele-dummschwaetzer-gibt_H1032730081_ 303560/.

S. 35. Spielkarten aus: Different playing card vector graphic. www.freedesignfile.com.

S. 40. BMW i8 2014 test drive on Nov 12 2014 in Hong Kong. Foto © Teddy Leung / Shutterstock.com. – pre-or- der-acabion.jpg. © Peter Maskus. http://web1.acabion. ibone.ch/ acabion.com/.

S. 45. Aus: Rainer Rosenzweig, „Tische der Erkenntnis“, http://www.diesseits.de/panorama/1373320800/tische- erkenntnis.

S. 46. Montage nach: „The rotating mask illusion“, https:// www.echalk.co.uk/amusements/ OpticalIllusions/hollowMask/hollowface.html.

S. 53. © Ociacia / Shutterstock.com.

S. 62. Nach Ingo Rechenberg: *Evolutionsstrategie 94*. Bad Cannstadt: Frommann-Holzboog, 1994.

S. 64. Ingo Rechenberg, PowerPoint-Folien zur 8. Vorlesung Evolutionsstrategie I, S. 15/45. http://slideplayer.org/ slide/3632035/.

S. 72. Der Dom zu Köln vor dem Beginn seines Herstellungsbaues im Jahre 1824. Stahlstich, 1865 (Ausschnitt). Aus: Max Hasak, *Der Dom zu Köln*, 1911. Wikimedia Commons.https://commons.wikimedia.org/wiki/File: Hasak_-_Der_Dom_zu_Köln_-_Bild_22_ 1824.jpg.

S. 74. Aus: Max Hasak, *Der Dom zu Köln*, 1911. https://commons.wikimedia.org/wiki/File:Hasak_-_Der_Dom_zu_ Köln_-_Bild_02_Westseite.jpg.

S. 77. Full sunburst over Earth. 1. Juni 1996. Foto © NASA. Wikimedia Commons. https://commons.wikimedia.org/ wiki/ File:Full_Sunburst_over_Earth.JPG.

S. 78. © R. J. Hall. Übersetzt von Kopiersperre. Wikimedia Commons. https://commons.wikimedia.org/wiki/File: Solar_evolution_de.svg? uselang=de.

S. 80. © Mariana Ruiz Villarreal. Wikimedia Commons. https://commons.wikimedia.org/wiki/File:Timeline_ evolution_ of_life.svg.

S. 86. © Walter Müller.

S. 114. Foto © Chris Adams. Wikimedia Commons. https://commons.wikimedia.org/wiki/File:Convento_ do_Carmo_ruins_in_Lisbon.jpg?uselang=de.

S. 116. Foto © Rainer Albiez / Shutterstock.com.

S. 123. Wikimedia Commons. https://commons. wikimedia.org/wiki/File:Aufbau_der_Erde_ schematisch.svg.

S. 132. Foto © Martin Jones. Wikimedia Commons. https://en.wikipedia.org/w/index.php?title=File:Lake_ Toba3.JPG&uselang=de.

S. 139. Foto © Jason Swearingen. Wikimedia Commons.

Quelle: https://www.flickr.com/photos/101689444@N08/ 9725200777/.

S. 140. Wikimedia Commons. Quelle: http://pubs.usgs.gov/ fs/2005/3024/ press-images/fig_03_yellowstone_map.jpg.

S. 149. Foto © Alena Stalmashonak / Shutterstock.com.

S. 159. © Bruce Rolff / Shutterstock.com.

S. 168. Foto Scott J. Kelly © NASA iss046e002764_alt (12/26/2015), Wikimedia Commons. Quelle: https:// www.flickr.com/photos/nasa2explore/24694806004/.

S. 173. © NASA Ames Research Center. http://www.studio5555.de/wp-content/uploads/2012/01/SPACE-COLONY-ART-12.jpg.

S. 221. Wikimedia Commons. Quelle: Bundesarchiv Bild 146-1976-137-06A.

S. 222. Wikimedia Commons. https://commons.wikimedia. org/wiki/File:Heyn1945.jpg.

S. 224. Holzstich von Henri de Montaut. Wikimedia Commons. https://commons.wikimedia.org/wiki/ File: Delaterrelalun00vern_0179_1.png?uselang=de.

S. 226. Foto Neil Armstrong © NASA. Wikimedia Commons. Quelle: https://www.flickr.com/photos/ nasacommons/ 9460192910/.

S. 228. Isaac Asimov: *Ich der Robot*. Berlin: Karl Rauch Verlag, 1952.

S. 230. © Banksy. https://www.flickr.com/photos/dullhunk/ 13896545885.

S. 233. Bericht des Club of Rome zur Lage der Menschheit. München: Deutsche Verlags-Anstalt, 1972.

Weiterführende Literatur

Bücher

Baade, Fritz. *Der Wettlauf zum Jahre 2000*. Oldenburg: Stalling, 1964.

Barrow, John D. *Das Buch der Universen*. Frankfurt: Campus, 2011.

Bergbauer, Martin. *Wie aus Chaos Geist entsteht.* München: Bettendorf'sche Verlagsanstalt, 1996.

Berry, Adrian, *Die große Vision.* Düsseldorf: Econ, 1975.

Blüchel, Kurt G. *Bionik.* München: C. Bertelsmann, 2005.

Boing, Niels. Nano: Die Technik des 21. Jahrhunderts. Berlin: Rowohlt, 2004.

Bostrom, Nick. *Superintelligenz.* Berlin: Suhrkamp, 2014.

Brater, Jürgen. *Keine Ahnung, aber davon viel.* Berlin: Ullstein, 2011.

Brehmer, Arthur. *Die Welt in 100 Jahren.* Hildesheim: Olms, 2010.

Bürgel, Bruno H. *Das Weltbild des modernen Menschen.* Minden: Köhler, 1937.

Casti, John. Der plötzliche Kollaps von allem: Wie extreme Ereignisse unsere Zukunft zerstören können. München: Piper, 2012.

Chown, Marcus. *Das Universum nebenan.* München: dtv, 2003.

Club of Rome. *Der zweite Planet.* Wien: Europa Verlag, 1986.

Duve, Christian. Aus Staub geboren: Leben als kosmische Zwangsläufigkeit. Heidelberg: Spektrum, 1995.

Freistetter, Florian. *Die Neuentdeckung des Himmels.* München: Hanser, 2014.

Gott, J. Richard. *Zeitreisen in Einsteins Universum.* Hamburg: Rowohlt, 2003.

Grotelüschen, Frank. *Der Klang der Superstrings.* München: dtv, 1999.

Hawking, Stephen W. *Eine kurze Geschichte der Zeit.* Hamburg: Rowohlt, 1988.

Helbing, Dirk. *The Automation of Society is Next: How to Survive the Digital Revolution.* North Charleston, S.C.: CreateSpace Independent Publishing, 2015.

Kahn, Hermann. Ihr werdet es erleben: Voraussagen bis zum Jahre 2000. Wien: Molden, 1969.

—. Angriff auf die Zukunft. Wien: Molden, 1972.

—. *Vor uns die guten Jahre.* Wien: Molden, 1976.

Kaku, Michio. *Zukunftsvisionen.* München: Lichtenberg, 1998.

—. *Im Paralleluniversum.* Hamburg: Rowohlt, 2005.

—. *Die Physik der Zukunft.* Hamburg: Rowohlt, 2012

—. Die Physik des Bewusstseins. Hamburg: Rowohlt, 2014.

Kolbert, Elizabeth. *Das Sterben.* Berlin: Suhrkamp, 2015.

Krauss, Lawrence M. *Ein Universum aus Nichts.* München: Albrecht Knaus, 2013.

Kurzweil, Ray. *Homo Sapiens: Leben im 21. Jahrhundert.* Köln: Kiepenheuer & Witsch, 1999.

Meinhart, Ruth. *Ich sehe wie du denkst.* Ludwigsburg: Gedankensprungverlag, 2011.

Morawa, Hans. *Die Zukunft in den Griff bekommen.* Düsseldorf: Econ, 1979.
Panek, Richard. Das 4%-Universum: Dunkle Energie, dunkle Materie und die Geburt einer neuen Physik. München: Hanser, 2010.
Sheldrake, Rupert. *Das Gedächtnis der Natur.* München: Scherz, 1988.
Smolin, Lee. *Die Zukunft der Physik.* München: DVA, 2006.
Weismann, Alan. *Countdown: Hat die Erde eine Zukunft?* München: Piper, 2013.

Zeitschriften

Raum, Zeit, Materie. Die größten Geheimnisse des Kosmos. Spektrum der Wissenschaft Highlights 3/2013.
In den Tiefen der Teilchenwelt. Gesucht: Eine neue Physik jenseits des Higgs. Spektrum der Wissenschaft Spezial 1/2015.

Internetartikel

Anon. *Kometen sollen die Erde verschieben.* SPIEGEL Online, 15.06.2001.
Dambeck, Thorsten. „Wir haben hier etwas Großes." Gravitationswellen-Nachweis. SPIEGEL Online, 18.03.2014.
Elmer, Christina, und Donya Farahani. *Die Menschheit in 85 Jahren.* SPIEGEL Online, 03.08.2015.
Opaschowski, Horst W. *Zehn Gebote für das 21. Jahrhundert.* ZEIT Online, 22.03.2001.